全国高职高专教育土建类专业教学指导委员会规划推荐教材
职业教育工程造价专业实训规划教材
总主编：袁建新

建筑水电安装工程量计算实训

主　编　代端明
副主编　龙乃武
主　审　袁建新

中国建筑工业出版社

图书在版编目（CIP）数据

建筑水电安装工程量计算实训/代端明主编．—北京：中国建筑工业出版社，2016.3

全国高职高专教育土建类专业教学指导委员会规划推荐教材．职业教育工程造价专业实训规划教材

ISBN 978-7-112-19294-6

Ⅰ.①建… Ⅱ.①代… Ⅲ.①给排水系统-建筑安装-工程造价-高等职业教育-教材②电气设备-建筑安装-工程造价-高等职业教育-教材 Ⅳ.①TU723.3

中国版本图书馆 CIP 数据核字（2016）第 060944 号

本书以常见房屋建筑水电安装工程施工图为例，举例讲解水电安装工程中工程量计算的重点、难点以及计算方法，根据项目的复杂程度、学习程度以及学习者的自身专业方向以模块化教学方法为基础制定实训任务，并配合相关的实训练习和参考答案。

全书内容包括两篇：第 1 篇分水暖工程包括：建筑给水排水系统、消火栓系统、消防自动喷淋系统、空调系统工程量计算；电气工程包括：电气照明系统、防雷接地系统、室内有线电视电话及网络系统、动力配电系统及消防自动报警系统；第 2 篇内容为软件计算建筑水电安装工程量。本书详细介绍房屋建筑水电安装工程的相关计算规则、规范以及计算公式，同时配合相应的实例让学习者自主学习。

本书可作为建筑类高等院校工程造价、建筑设备类、建筑经济管理等专业的教学用书，也可作为建筑安装工程技术人员、管理人员、造价员考前培训的参考用书。

本书配套资源请进入 http://book.cabplink.com/zydown.jsp 页面，搜索图书名称找到对应资源点击下载。(注：配套资源需免费注册网站用户并登录后才能完成下载，资源包解压密码为本书征订号。)

* * *

责任编辑：张　晶　吴越恺
责任校对：陈晶晶　关　健

全国高职高专教育土建类专业教学指导委员会规划推荐教材
职业教育工程造价专业实训规划教材
总主编：袁建新
建筑水电安装工程量计算实训
主　编　代端明
副主编　龙乃武
主　审　袁建新

*

中国建筑工业出版社出版、发行（北京西郊百万庄）
各地新华书店、建筑书店经销
北京红光制版公司制版
北京富生印刷厂印刷

*

开本：787×1092 毫米　1/16　印张：10　插页：4　字数：248 千字
2016 年 8 月第一版　　2016 年 8 月第一次印刷
定价：**25.00** 元（附网络下载）
ISBN 978-7-112-19294-6
（28558）

序

为了提高工程造价实训的效率和质量，我们组织了工程造价专业办学历史较长、专业课程教学和实训能力较强的几所建设类高职院校的资深教师，编写了工程造价专业系列实训教材。

本系列教材共5本，包括《建筑工程量计算实训》、《建筑水电安装工程量计算实训》、《钢筋翻样与算量实训》、《建筑安装工程造价计算实训》和《工程造价实训用图集》。这些内容是工程造价专业核心课程的技能训练内容。因此，该系列教材可作为工程造价专业进行核心技能训练的必备用书。

运用系统的理念和螺旋进度教学的思想，将工程造价专业核心技能的训练放在一个系统中构建和应用螺旋递进的方法编写工程造价专业系列实训教材，是我们建设职教人新的尝试。实训是从掌握一个一个方法开始的，工程造价实训先从较小的、简单的单层建筑物工程工程量计算（工程造价）开始，然后再继续计算较复杂建筑物的工程量（工程造价），一层一层地递进下去。这一思路符合学生的认知规律和学习规律。这就是"螺旋进度教学法"在工程造价实训过程中的应用与实践。

本系列教材还拓展了上述课程的软件应用介绍和实训。软件应用内容是从学习的角度来写的，一改原来软件操作手册的风格，为学生将来快速使用新软件打下了基础。

在学习中实践、在实践中学习，这是职业教育的本质特征。本系列教材设计的内容就是试图让学生边学习边完成作业。因而教材内容中给学生留了从简单到复杂、从少量到多量的独立完成的作业内容，由教师灵活地组织实践教学，学生课内外灵活完成作业。

愿经过我们与各兄弟院校共同努力完成好工程造价专业的实训，为社会培养更多掌握熟练技能的造价人才。

全国高职高专教育土建类专业教学指导委员会
工程管理类专业分指导委员会

前　言

　　建筑水电安装工程量计算实训是为"建筑水电安装工程计价"这门专业核心课程而设计的实训课程。通过本门课程的实训，让学生能将已学的建筑水电安装工程识图、列项、算量及计价等方面的理论知识与实践有效地结合起来，手工计算与软件计算有效结合起来，增强学生的实践技能，巩固消化已学的理论知识。

　　本教材以常见的水电安装工程施工图为例，重点讲解水电安装工程中手工计算工程量和软件计算工程量的重点、难点以及计算方法。由于本教材所选用的施工图最大的图纸为A1图，无法附在教材中，因此在编写教材时，仅将与重点、难点相关的节点图附在教材中，读者可通过扫描本书封面的二维码观看部分软件操作视频，相关CAD图纸和软件操作说明可登录本教材版权页的对应链接下载。教材在内容安排上淡化理论，强调实践操作，工程量清单以《通用安装工程工程量计算规范》GB 50856—2013为编制依据。教材内容按项目的形式编排，旨在对水暖电安装工程各系统清单列项、工程量计算等方面的知识结合工程施工图进行讲解。该实训课程参考学时为50学时（2周实训周），也可作为其他相关专业和岗位培训用教材。

　　本书由广西建设职业技术学院代端明主编。第1篇由代端明、文桂萍、卢燕芳、李科、蒋文艳、梁国赏、陈东编写。第2篇由龙乃武编写。全书由代端明统稿，四川建筑职业技术学院袁建新教授担任主审。

　　限于作者水平有限，不妥和疏漏之处在所难免，恳请广大读者批评指正。

目　　录

第1篇　手工计算建筑水电安装工程量

第2篇　软件计算建筑水电安装工程量

第1篇　手工计算建筑水电安装工程量

1　建筑给水排水系统工程量计算

1.1　主要训练内容

建筑给水排水系统主要由给排水干管、立管、卫生间支管、卫生洁具以及一些附件组成，工程量计算实训主要以管道工程量计算、管沟土方工程量计算为主（表1-1）。

表1-1

训练能力	主要训练内容	选用施工图
建筑给水排水系统工程量计算	1. 给水排水管道工程量计算 2. 管道附件工程量计算 3. 卫生器具工程量计算 4. 套管工程量计算 5. 管沟土方工程量计算	某学校5号教学楼给排水施工图

1.2　工程量计算规范（规则）

按照《通用安装工程工程量计算规范》GB 50856—2013中计算规则计算。

1.3　建筑给排水系统清单项目

建筑给排水系统列项常用的清单项目见表1-2，具体见《通用安装工程工程量计算规范》GB 50856—2013附录K（给排水、采暖、燃气工程）相关内容。

建筑给排水系统清单项目表 表1-2

序号	项目编号	项目名称	计量单位
1	031001006	塑料管	m
2	031002003	套管	个
3	031003001	螺纹阀门	个
4	031003013	水表	个
5	031004003	洗脸盆	组
6	031004006	大便器	组
7	031004007	小便器	组
8	031004010	淋浴器	套
9	031004014	给、排水附（配）件	个（组）
10	040101002	管沟土方	m³

1.4 课 堂 实 训

图纸选用某学院 5 号教学楼给排水施工图中的 JL-1、PL-1 立管以及 A 卫生间大样图(图 1-1~图 1-5)。

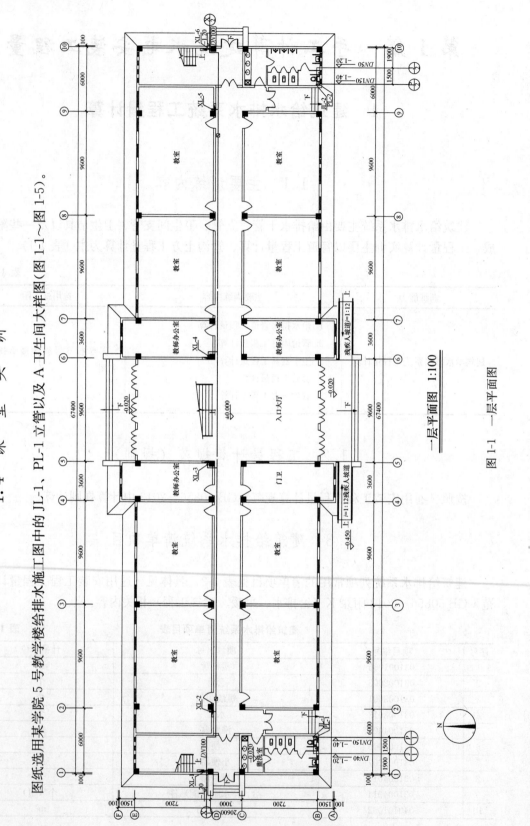

一层平面图 1:100

图 1-1 一层平面图

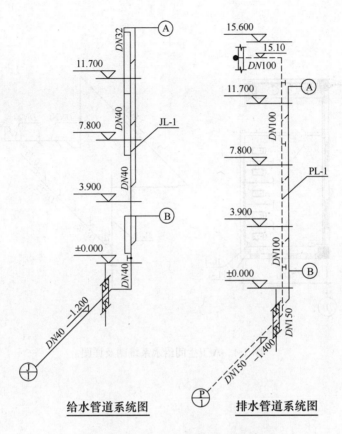

图 1-2　JL-1 \ PL-1 给水排水系统图

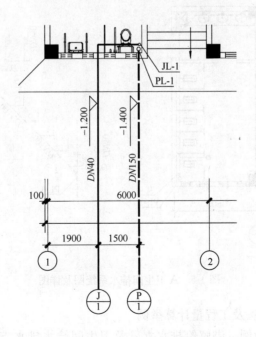

图 1-3　J1、P1 管平面图

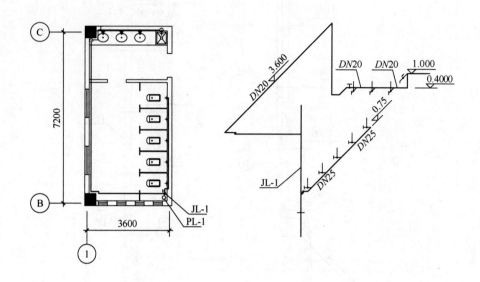

图 1-4　A 卫生间给水系统图及详图

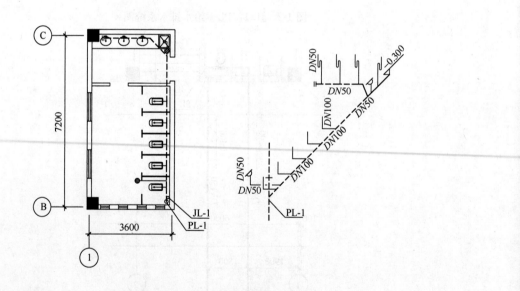

图 1-5　A 卫生间排水系统图及详图

（1）工程量计算方法及工程量计算举例

以图 1-1～图 1-5 为例，讲解给排水立管及卫生间给水排水支管工程量计算的方法，具体工程量计算见表 1-3。

4

表1-3

给水排水分部分项工程量计算表

序号	项目编号	项目名称	计量单位	工程量	计算式（计算方法）	清单工程量计算规范	知识点	技能点
1	031001006001	PP-R塑料给水管 DN40，热熔连接	m	25.15	J1引入管（埋地部分）：DN40=9+2.5=11.5m； 立管工程量公式：终点标高－起点标高 JL-1：DN40=(11.7+0.75)-(-1.2)=13.65m； ∑25.15m	按设计图示管道中心线以长度计算，不扣除阀门、管件及附属构筑物所占长度	卫生器具给水管安装范围分界点：安装至角阀处（包括角阀），无角阀时至管道预留口	管道工程量计算
2	031001006002	PP-R塑料给水管 DN32，热熔连接	m	2.85	JL-1：DN32=3.6-0.75=2.85m，其中3.6m和0.75m的标高可以在A卫生间给水管道的系统图（图1-4）查到			
3	031001006003	PP-R塑料给水管 DN25，热熔连接	m	12.45	水平段支管的工程量应在平面图上量取，垂直段的支管在轴测图中按照"终点标高－起点标高"的方法计算。 卫生间A：DN25=→0.2+0.15+3.8=4.15×3=12.45m			
4	031001006004	PP-R塑料给水管 DN20，热熔连接	m	50.70	卫生间A： DN20=→2.9+0.1+0.3+6.3+↓(3.6-0.4)+ →0.3+0.4+2.8+↑(1-0.4)=16.9×3 =50.7m			
5	031001006005	PVC-U塑料排水管 DN150，承插粘接	m	8.5	P1排出管（埋地部分）：DN150=8.5m		卫生器具排水管安装范围分界点：排水管安装至楼地面处	
6	031001006006	PVC-U塑料排水管 DN100，承插粘接	m	42.9	卫生间A：→4.2+(0.3↑+0.6)×5=8.7×3 =26.1m； PL-1：DN100=15.1+1.4+穿墙0.3=16.8m ∑42.9m			
7	031001006007	PVC-U塑料排水管 DN50，承插粘接	m	23.4	卫生间A：→2.5+1+1.9+1.3+0.3↑×7=7.8×3=23.4m			

续表

序号	项目编号	项目名称	计量单位	工程量	计算式(计算方法)	清单工程量计算规范	知识点	技能点
8	031003001001	截止阀 DN40，螺纹连接	个	1	DN40 截止阀：1 个（JL1 立管）	按设计图示数量计算	小口径阀门一般采用螺纹连接，大口径管道一般采用法兰连接	阀门工程量计算
9	031003001002	截止阀 DN25，螺纹连接	个	3	DN25 截止阀：1 个×3（A 卫生间）			
10	031003001003	截止阀 DN20，螺纹连接	个	1	DN20 截止阀：1 个×3（A 卫生间）			
11	031002003001	穿墙及过楼板塑料套管制作安装 De63	个	5	DN50(De63) 塑料套管：4(JL1 立管)+1(JL1 引入管)=5 个		施工质量验收规范要求：管道穿过楼板或墙体时要安装套管	套管工程量计算
12	031002003002	穿墙及过楼板塑料套管制作安装 De32	个	3	DN25(De32) 塑料套管：1 个×3（A 卫生间）			
13	031004006001	蹲式大便器，配 DN25 自闭式冲洗阀	组	15	蹲式大便器：5×3（A 卫生间）		卫生器具安装包括器具、水嘴、存水弯、排水栓、连接管等附件安装	洁具工程量计算
14	031004003001	台式洗脸盆，单冷	组	9	台式洗脸盆：3×3（A 卫生间）			

续表

序号	项目编号	项目名称	计量单位	工程量	计算式（计算方法）	清单工程量计算规范	知识点	技能点
15	031004014001	地漏 DN50	个	6	地漏 DN50：2×3（A 卫生间）			给水排水附件工程量配件工程量计算
16	031004014002	清扫口 DN50	个	3	清扫口 DN50：1×3（A 卫生间）		给水排水附（配）件是指独立安装的水嘴、地漏、地面扫除口、排水栓等	
17	031004014003	排水栓 DN32（带存水弯）	组	3	排水栓 DN32（带存水弯）：1×3（A 卫生间）			
18	031004014004	水嘴 DN20	个	3	水嘴 DN20：1×3（A 卫生间）			
19	040101002001	管沟土方、三类土、夯填	m³	8.4	不考虑放坡：$V=hbl$ 式中 h——沟深；b——沟底宽；l——沟长。 JL1 管沟土方＝(1.2−0.45（室外地坪标高））×(0.05(DN40 塑料管外径)+0.2(两侧工作面宽×2)）×11.5＝3.88m³ PL1 管沟土方： (1.4−0.45)×(0.16+0.2×2)×8.5＝4.52m³ Σ＝8.4m³	按立方计算工程量	安装工程中的管沟土方按《市政工程工程量计算规范》GB 50857—2013 相关项目编码列项	计算沟深 h 时，注意是室外埋地管道，设计管内底标高要扣除室外地坪标高

（2）工程量计算练习

根据图1-6～图1-8，对JL-2、PL-2以及B卫生间进行列项与工程量计算，将结果填入表1-4中。

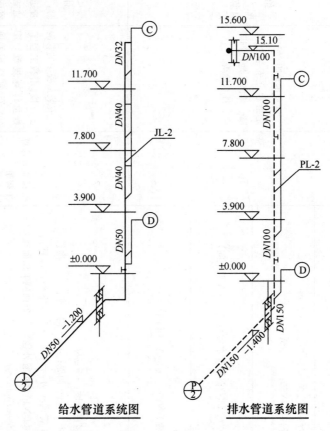

给水管道系统图　　　　　排水管道系统图

图1-6　JL-2 \ PL-2 给水排水系统图

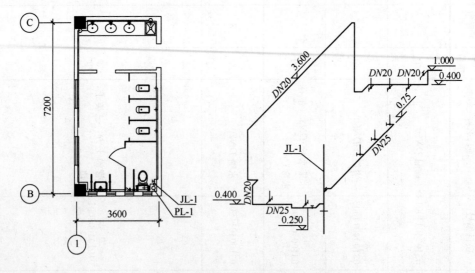

图1-7　B卫生间给水系统图及详图

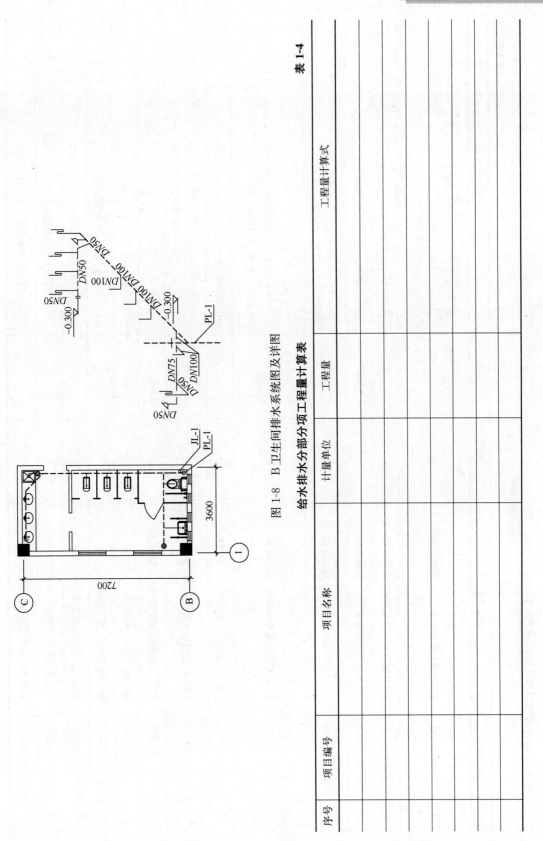

图 1-8　B 卫生间排水系统图及详图

给水排水分部分项工程量计算表

表 1-4

序号	项目编号	项目名称	计量单位	工程量	工程量计算式

(3)工程量计算练习参考答案(表1-5)

表1-5

序号	项目编号	项目名称	计量单位	工程量	工程量计算式
1	031001006001	PP-R塑料给水管DN50,热熔连接	m	17.35	J2引入管:$9+2.5=11.5$m; JL2立管:$(3.9+0.75)-(-1.2)=5.85$m; $\sum 17.35$m
2	031001006002	PP-R塑料给水管DN40,热熔连接	m	7.8	JL2立管:$(11.7+0.75)-(3.9+0.75)=7.8$m
3	031001006003	PP-R塑料给水管DN32,热熔连接	m	2.85	JL2立管:$3.6-0.75=2.85$m
4	031001006004	PP-R塑料给水管DN25,热熔连接	m	7.45	卫生间B:$(0.2+0.2+2.7+\uparrow 0.15)+(0.2+0.2+3.8)=7.45$m
5	031001006005	PP-R塑料给水管DN20,热熔连接	m	17.7	卫生间B:$0.3+0.4+\uparrow(3.6-0.4)+6.4+0.1+\downarrow(3.6-0.4)+0.3+0.4+2.8+\uparrow(1-0.4)=17.7$m
6	031001006006	PVC-U塑料排水管DN150,承插粘接	m	8.5	P2排出管(埋地部分):$DN150=8.5$m
7	031001006007	PVC-U塑料排水管DN100,承插粘接	m	24.9	卫生间B:$4.2+0.5+0.4+0.3\uparrow+(0.3\uparrow+0.6)\times3=8.1$m; PL-2=$15.1+1.4+$穿墙$0.3=16.8$m
8	031001006008	PVC-U塑料排水管DN50,承插粘接	m	8.5	卫生间B:$2.5+1+1.9+0.7+0.3\uparrow\times8=8.5$m
9	031003001001	截止阀DN50,螺纹连接	个	1	DN50 截止阀:1个(JL2立管)
10	031003001002	截止阀DN25,螺纹连接	个	2	DN25 截止阀:2个(B卫生间)
11	031002003001	穿墙及过楼板塑料套管制作安装De63	个	2	DN50(De63)塑料套管:2个(JL2立管)
12	031002003002	穿墙及过楼板塑料套管制作安装De75	个	3	DN65(De75)塑料套管:1个(JL2引入管)、2个(JL2立管)
13	031002003003	穿墙及过楼板塑料套管制作安装De32	个	1	DN25(De32)塑料套管:1个(B卫生间)

续表

序号	项目编号	项目名称	计量单位	工程量	工程量计算式
14	031004006001	蹲式大便器，配 DN25 自闭式冲洗阀	组	3	蹲式大便器：3(B 卫生间)
15	031004006002	坐式大便器，水箱冲洗	组	1	坐式大便器：1(B 卫生间)
16	031004003001	台式洗脸盆，单冷	组	3	台式洗脸盆：3(B 卫生间)
17	031004003002	立柱式洗脸盆，单冷	组	1	立柱式洗脸盆：1(B 卫生间)
18	031004014001	地漏 DN50	个	2	地漏 DN50：2(B 卫生间)
19	031004014002	清扫口 DN50	个	1	清扫口 DN50：1(B 卫生间)
20	031004014003	排水栓 DN32(带存水弯)	组	1	排水栓 DN32(带存水弯)：1(B 卫生间)
21	031004014004	水嘴 DN20	个	1	水嘴 DN20：1(B 卫生间)
22	040101002001	管沟土方，三类土，夯填	m^3	8.51	考虑放坡的计算公式：$V = h(b+kh)l$ 式中 h——沟深；b——沟底宽；l——沟长；k——放坡系数，根据土的性质确定，人工开挖一般可取 0.3。 不考虑放坡的计算公式：$V=hbl$ 式中 h——沟深；b——沟底宽；l——沟长。 JL2 管沟土方 $=(1.2-0.45)\times(0.063+0.2\times2)\times11.5$ $=3.99m^3$ PL2 管沟土方： $(1.4-0.45)\times(0.16+0.2\times2)\times8.5=4.52m^3$ $\Sigma=8.51m^3$

1.5　课　外　实　训

（1）施工图选用

某学院 5 号教学楼给水排水施工图。

（2）实训要求

利用课外时间将 5 号教学楼给水排水施工图中管道、管道附件、卫生器具等内容进行清单列项和工程量计算，并将结果填入到工程量计算表中。

2 消火栓系统工程量计算

2.1 主要训练内容

消火栓给水系统一般由消火栓干管、立管、支管、消火栓、阀门、水泵接合器组成。需要计算的内容有管道、阀门、消火栓、水泵接合器、套管、管道支架及支架除锈刷油等（表2-1）。

表 2-1

训练能力	主要训练内容	选用施工图
消火栓系统工程量计算	1. 消火栓管道工程量计算 2. 管道刷油工程量计算 3. 管道支架工程量计算 4. 消火栓、水泵接合器及阀门工程量计算 5. 套管工程量计算	某学校5号教学楼消火栓系统施工图

2.2 工程量计算规范（规则）

按照《通用安装工程工程量计算规范》GB 50856—2013中计算规则计算。

2.3 消火栓系统清单项目

消火栓系统列项常用的清单项目见表2-2，具体见《通用安装工程工程量计算规范》GB 50856—2013附录K（给排水、采暖、燃气工程）和附录J（消防工程）相关内容。

建筑消火栓系统清单项目表　　　　　　表 2-2

序号	项目编号	项目名称	计量单位
1	030901002	消火栓钢管	m
2	031201001	管道刷油	m²
3	031002001	管道支架	kg
4	031201003	管道支架刷油	kg
5	030901010	室内消火栓	套
6	030901011	室外消火栓	套
7	030901012	消防水泵接合器	套
8	031003001	螺纹阀门	个
9	031003003	焊接法兰阀门	个
10	031002003	套管	个
11	030901013	灭火器	具（组）

2.4　课　堂　实　训

以图 2-1～图 2-9 为例，讲解 XL-1、XL-2、顶层干管、刷油、支架列项与工程量计算的方法。

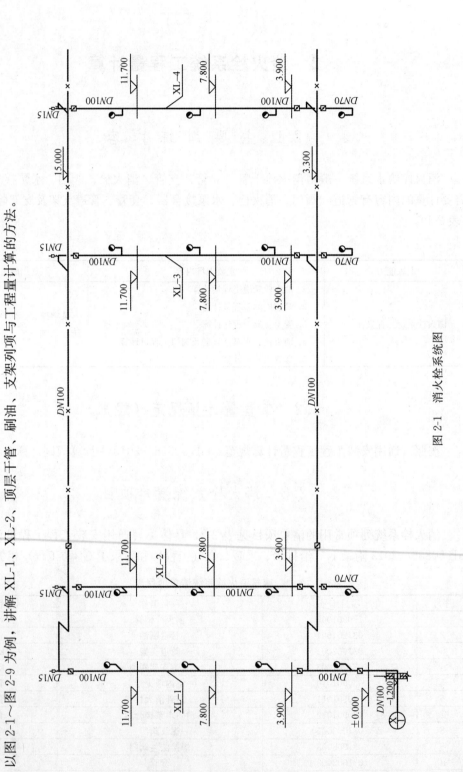

图 2-1　消火栓系统图

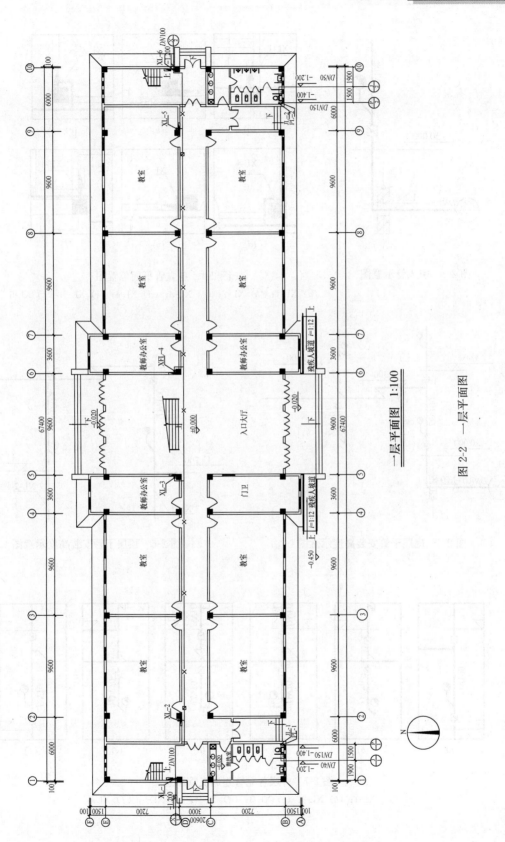

一层平面图 1:100

图 2-2 一层平面图

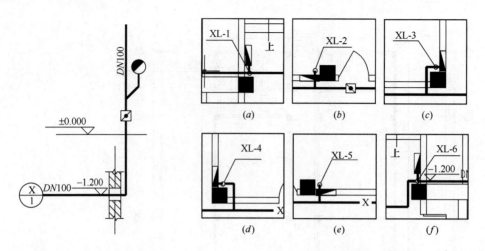

图 2-3　引入管示意图

图 2-4　各立管平面位置图

(a) XL-1；(b) XL-2；(c) XL-3；(d) XL-4；(e) XL-5；(f) XL-6

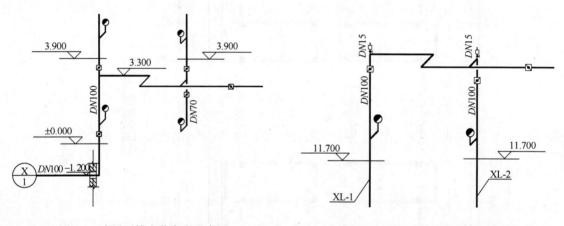

图 2-5　底层干管安装高度示意图

图 2-6　顶层干管安装高度示意图

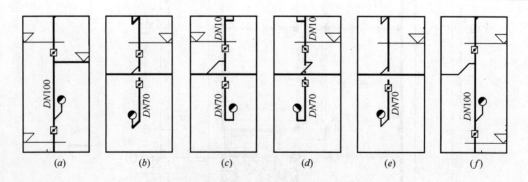

图 2-7　一层各立管连通支管示意图

(a) XL-1；(b) XL-2；(c) XL-3；(d) XL-4；(e) XL-5；(f) XL-6

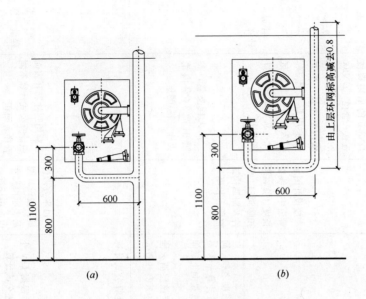

图 2-8　消火栓支管示意图

(*a*)—支管向上延伸进入消火栓箱；(*b*) 支管向下延伸进入消火栓箱

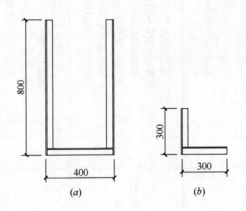

图 2-9　管道支吊架样式示意图

(*a*) 管道吊架；(*b*) 管道支架

(1) 工程量计算方法及工程量计算举例

以图 2-1～图 2-9 为例，讲解 XL-1、XL-2、顶层干管、刷油、支架列项与工程量计算的方法，工程量计算见表 2-3。

消火栓系统分部分项工程量计算表

表2-3

序号	项目编号	项目名称	计量单位	工程量	计算式（计算方法）	清单工程量计算规范	知识点	技能点
1	030901002001	室内消火栓镀锌钢管 DN100，沟槽连接	m	100.2	XL1引入管（埋地部分）=3.4m XL2引入管（埋地部分）=3.0m 顶层干管： =3.1+0.9+63.4+0.9+0.3+0.6+0.9+0.3+0.9+0.4+0.6 =72.3m XL-1=15-（-1.2）=16.2m XL-2=15-3.3=11.7m Σ100.2m	按设计图示管道中心线以长度计算，不扣除阀门、管件及附属构筑物所占长度	消防管管道管径≤DN800的采用螺纹连接；管径≤DN100的，采用沟槽连接的或许采用法兰连接，不允的采用焊接连接引入管、立管的区分，立管长度的计算方法	管道工程量计算
2	030901002002	室内消火栓镀锌钢管 DN70，沟槽连接	m	9.7	支管的长度等于水平平段长度与竖直段长度之和，简便算法可按每根消火栓支管长度为0.9m计算。依据系统图确定支管的走向，确定支管是向上延伸或向下延伸进入消火栓箱。XL-2立管需要从一层梁下向下引入至该层消火栓（图2-7）。因此立管DN70=（3.3-0.8）+0.9×8=9.7m		消火栓支管，参照04S202《室内消火栓安装》图集	
3	031201001001	室内消火栓镀锌钢管刷管道调和漆两遍	m²	38.17	（1）计算公式：按照管道展开表面积计算公式计算刷油工程量。$$S = \pi \times D \times L \times 10^{-3}$$S—刷油工程量，单位 m²； D—管道外径，单位 mm； L—管道长度，单位 m。 （2）计算方法：先计算管道长度，然后根据 DN 外径对应的外径大小，代入上述公式计算。 DN100 刷油工程量=3.14×114×100.2×10⁻³=35.87m² DN70 刷油工程量=3.14×75.5×9.7×10⁻³=2.30m² Σ38.17m²	以平方米计量，按设计图示表面积尺寸以面积计算	利用圆柱展开表面积计算公式计算不同管径表面积	管道刷油工程量计算

续表

序号	项目编号	项目名称	计量单位	工程量	计算式(计算方法)	清单工程量计算规范	知识点	技能点
4	031002001001	管道支架制作安装	kg	74.60	支架的工程量=支架的个数×单个支架的重量。其中：支架的重量=支架的形状尺寸×加工支架的型钢比重。立管支架的个数可依据规范：楼层高度小于或等于5m的，每层必须安装1个支架；楼层高度大于5m的，每层不得少于2个支架。水平敷设的管道支吊架个数，图纸有标注的可依据图纸；图纸未标注的，可以根据规范的《钢管支吊架间距表》查出钢管对应的支吊架最大间距，用管道长度除以间距来确定支架个数，注意计算结果有小数则进1取整。本项目U型管道支架主要为底层干管吊架，顶层干管吊架；L型为立管支架。吊架间距取6m，立管支架每层1个。 U型吊架个数：72.3/6=12.05，取整数13个；U型吊架工程量：(0.8×2+0.4)×13×2.422=62.97kg L型支架个数：4×2=8个；L型支架工程量：(0.3+0.3)×8×2.422=11.63kg ∑74.60kg	以千克计量，按设计图示质量计算	不同管径支架的选择以及支架间距计算，参照05R417-1《室内管道支吊架》图集或03S402《室内管道支架及吊架》图集	管道支架工程量计算
5	031201003001	支架除轻锈，刷红丹漆两遍，调和漆两遍	kg	74.60	同支架工程量	以千克计量，按金属结构的理论质量计算	同支架工程量	管道支架刷油工程量计算
6	030901010001	室内单栓单出口铝合金白玻璃消火栓箱 *DN*65，水带长25m，水枪ϕ19mm	套	8	XL-1：消火栓4套 XL-2：消火栓4套	按设计图示数量计算	室内消火栓成套设备包含：消火栓箱、消火栓、水枪、水带、水带接扣、挂架、消防按钮	消火栓工程量计算

续表

序号	项目编号	项目名称	计量单位	工程量	计算式(计算方法)	清单工程量计算规范	知识点	技能点
7	031003001001	自动排气阀 DN15,螺纹连接	个	2	XL-1:自动排气阀 1个 XL-2:自动排气阀 1个		阀门的识图	阀门工程量计算
8	031003003001	蝶阀 DN70,沟槽连接	个	1	XL-2:蝶阀 1个;			阀门工程量计算
9	031003003002	蝶阀 DN100,沟槽连接	个	7	XL-1:蝶阀 3个 XL-2:蝶阀 2个 顶层干管:蝶阀 2个		阀门的识图	
10	031002003001	一般过墙、楼板钢套管制作、安装公称直径(150mm以内)	个	13	XL-1、XL-2 立管穿楼板钢套管:4+3=7个; 顶层干管穿墙钢套管:6个	按设计图示数量计算	套管分为刚性套管、柔性防水套管、钢管套管及塑料套管等。柔性防水套管一般适用于管道穿图集穿越有严密防水要求的构筑物或墙物。一般套管适用于管道穿越建筑物内墙或无严密防水要求的各层楼板	套管工程量计算

（2）工程量计算练习

根据图 2-1～图 2-9，计算 XL-3、XL-4 立管、底层干管，管道刷油、支架工程量，列项计算将结果填入表 2-4。

消火栓分部分项工程量计算表

表 2-4

序号	项目编号	项目名称	计量单位	工程量	工程量计算式

（3）工程量计算练习参考答案（表 2-5）

表 2-5

序号	项目编号	项目名称	计量单位	工程量	工程量计算式
1	030901002001	消火栓镀锌钢管 DN100，沟槽连接	m	97.10	底层干管：$4.5+0.9+63.4+0.9+0.3+0.6+0.9+0.3+0.9+0.4+0.6$ $=73.7$m XL-3=XL-4=$15-3.3=11.7$m Σ97.10m
2	030901002002	消火栓镀锌钢管 DN70，沟槽连接	m	12.20	XL-3、XL-4 立管需要从一层梁下向下引入至该层消火栓（图 2-7）。因此 DN70 $=(3.3-0.8)\times2+0.9\times8=12.2$m
3	031201001001	消火栓镀锌钢管管道刷调和漆两遍	m²	37.65	DN100 刷油工程量=$3.14\times114\times97.1\times10^{-3}=34.76$m² DN70 刷油工程量=$3.14\times75.5\times12.2\times10^{-3}=2.89$m² Σ37.65m²

续表

序号	项目编号	项目名称	计量单位	工程量	工程量计算式
4	031002001001	管道支架制作安装	kg	74.60	U型吊架个数：73.7/6=12.28，取整数13个； U型吊架工程量：(0.8×2+0.4)×13×2.422=62.97kg； L型支架个数：4×2=8个； L型支架工程量：(0.3+0.3)×8×2.422=11.63kg ∑74.60kg
5	031201003001	支架除轻锈、刷红丹漆两遍、调和漆两遍	kg	74.60	同支架工程量
6	030901010001	室内单栓单出口铝合金白玻璃消火栓箱 DN65，水枪长25m，水枪 φ19mm	套	8	XL-3：消火栓 4套 XL-4：消火栓 4套
7	031003001001	自动排气阀 DN15，螺纹连接	个	2	XL-3：自动排气阀 1个 XL-4：自动排气阀 1个
8	031003003001	蝶阀 DN70，沟槽连接	个	2	XL-3：蝶阀 1个 XL-4：蝶阀 1个
9	031003003002	蝶阀 DN100，沟槽连接	个	6	XL-3：蝶阀 2个 XL-4：蝶阀 2个 低层干管：蝶阀 2个
10	031002003001	一般过墙、楼板钢套管制作、安装公称直径150mm以内	个	12	XL-3、XL-4 立管穿楼板钢套管：3+3=6个 低层干管穿墙钢套管：6个

2.5 课 外 实 训

（1）施工图选用

某学院 5 号教学楼给水排水施工图。

（2）实训要求

利用课外时间将给水排水施工图中消火栓系统所涉及的管道、阀门、消火栓等内容进行清单列项和工程量计算，并将结果填入到工程量计算表中。

3 消防自动喷淋系统工程量计算

3.1 主要训练内容

消防自动喷淋系统一般由喷淋干管、立管、支管、喷头、阀门、水泵接合器、信号阀、报警阀、末端试水装置、水流指示器等组成，算量的主要内容有管道、管道刷油、管道支架及支架除锈刷油等（表3-1）。

表 3-1

训练能力	主要训练内容	选用施工图
消防自动喷淋系统工程量计算	1. 自动喷淋管道工程量计算 2. 管道刷油工程量计算 3. 管道支架工程量计算 4. 喷头、水泵接合器工程量计算 5. 报警装置、管道附件工程量计算 6. 套管工程量计算	某商住楼地下室消防自动喷淋系统施工图

3.2 工程量计算规范（规则）

按照《通用安装工程工程量计算规范》GB 50856—2013 中计算规则计算。

3.3 消防自动喷淋系统清单项目

消防自动喷淋系统列项常用的清单项目见表3-2，具体见《通用安装工程工程量计算规范》GB 50856—2013 附录 K（给排水、采暖、燃气工程）和附录 J（消防工程）相关内容。

消防自动喷淋系统清单项目表　　　　　　　　表 3-2

序号	项目编号	项目名称	计量单位
1	030901001	水喷淋钢管	m
2	030901003	水喷淋（雾）喷头	个
3	030901004	报警装置	组
4	030901006	水流指示器	个
5	030901008	末端试水装置	组
6	030901012	消防水泵接合器	套
7	031002001	管道支架	kg
8	031002003	套管	个
9	031003001	螺纹阀门	个
10	031003003	焊接法兰阀门	个
11	031201001	管道刷油	m²
12	031201003	管道支架刷油	kg

3.4 课 堂 实 训

以图 3-1～图 3-5 为例，讲解管道、刷油、支架列项与工程量计算的方法。

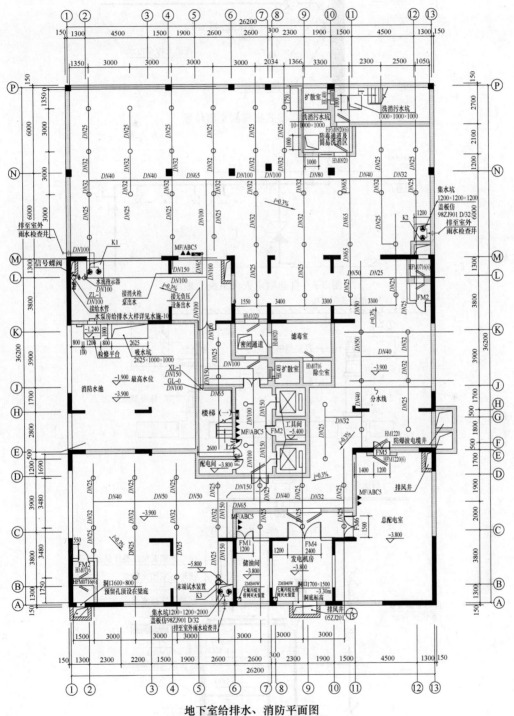

地下室给排水、消防平面图

注:本图不包括人防给水排水设计1:100

图 3-1 某商住楼地下室平面图

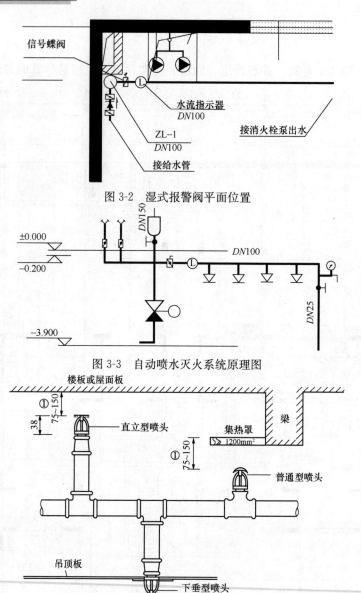

图 3-2　湿式报警阀平面位置

图 3-3　自动喷水灭火系统原理图

图 3-4　喷头安装示意图

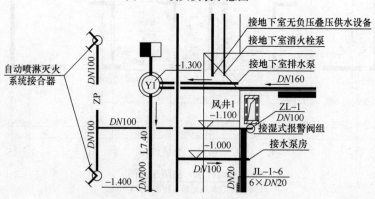

图 3-5　水泵接合器平面位置图

（1）工程量计算方法及工程量计算举例

以图3-1～图3-5中ZL-1、DN100、DN25为例，讲解管道、刷油、支架列项与工程量计算的方法，工程量计算见表3-3。

消防自动喷淋系统分部分项工程量计算表

表3-3

序号	项目编号	项目名称	计量单位	工程量	计算式（计算方法）	清单工程量计算规范	知识点	技能点
1	030901001001	室内水喷淋镀锌钢管DN100，沟槽连接	m	55.7	立管：0－（－3.9）=3.9m 横管 9.6+13.2+5.6+3.3+9.3+5.8+5.0=51.8m ∑55.7m	按设计图示管道中心线以长度计算，不扣除阀门、管件及附属构筑物所占长度	消防管道管径≤DN80的，采用螺纹连接；管径≥DN100的，可采用法兰连接或沟槽连接，不允许采用焊接连接	管道工程量计算
2	030901001002	室内水喷淋镀锌钢管DN25，螺纹连接	m	105.5	根据《自动喷水灭火系统设计规范》GB 50084—2001，喷头溅水盘与顶板、楼板、屋面板的距离不大于75mm，不小于25mm（图3-4）。本项目选用向上喷头，因此确定连接喷头的短管的长度约0.7m。如果安装定位吊顶的向下喷头，可按照顶干管标高一吊顶顶高计算短管长度。 竖向短管DN25工程量为：0.7×65=45.5m 水平管：3.0×1+2.0×2+1+3.6+1+3.6×2+2.6+1.2+2.3+3.8+3.3+0.9×2+0.6×2+1.6×4+3.5×2+3.0×3+1.6=60m ∑105.5m			
3	031201001001	管道刷红色调和漆两遍	m²	31.04	DN100管道刷油工程量： $3.14×114×55.7×10^{-3}=19.94m^2$ DN25管道刷油工程量： $3.14×33.5×105.5×10^{-3}=11.10m^2$ ∑31.04m²	以平方米计量，按设计图示表面积尺寸以面积计算	消防管道一般要求刷红色调和漆，利用圆柱展开表面积计算公式计算不同管径表面积	管道刷油工程量计算

续表

序号	项目编号	项目名称	计量单位	工程量	计算式（计算方法）	清单工程量计算规范	知识点	技能点
4	031002011001	管道支架制作安装，一般型钢型钢吊架	kg	83.8	U型吊架个数：51.8/6=8.63，取整数9个；U型吊架工程量：(0.8×2+0.4)×9×2.422=43.60kg L型支架个数：1个； L型支架工程量：(0.3+0.3)×1×2.422=1.45kg 因为DN25水平管共60m。 所以DN25需要I型支架60/3=20个。 I型支架工程量：0.8×20×2.422=38.75kg ∑83.8kg	以千克计量，按设计图示质量计算	管道支架样式及间距参照验收规范，参照05R417-1《室内管道支架及吊架》或03S402《室内管道支架及吊架》	管道支架工程量计算
5	031201003001	管道除轻锈、支架刷红丹漆和调和漆各两遍	kg	83.8	同支架工程量	按重量计算，按型钢支架的理论重量计算	管道支架一般要求刷红丹漆和调和漆各两遍	管道支架刷油工程量计算
6	030901003001	水喷淋直立型喷头DN15安装（无吊顶）	个	65	直立型喷头65个	按设计图示数量计算	喷头类型有：下垂型、直立型、吊顶型与边墙型	喷头工程量计算
7	030901012001	地上式水泵接合器 DN150	个	2	水泵接合器2个	按设计图示数量计算	水泵接合器分为地上式、地下式、墙壁式。成套设备包含：消防接口本体、止回阀、安全阀、闸阀、弯管底座、放水阀	水泵接合器工程量计算

续表

序号	项目编号	项目名称	计量单位	工程量	计算式（计算方法）	清单工程量计算规范	知识点	技能点
8	030901004001	湿式报警阀组 DN100，法兰连接，含接线	组	2	湿式报警阀组2个	按设计图示数量计算	湿式报警阀成套设备包含：湿式阀、蝶阀、供水压力表、装置压力表、试验阀、泄放试验管、试验管流量计、过滤器、延时器、水力警铃、报警截止阀、漏斗、压力开关等	湿式报警阀工程量计算
9	030901006001	水流指示器 DN100，法兰连接，含接线	个	1	水流指示器1个		水流指示器分类和识读	水流指示器工程量计算
10	030901008001	末端试水装置 DN25 安装	组	1	末端试水装置1组		末端试水装置的识读。末端试水装置一般由连接管、压力表、控制阀及试水接头组成	末端试水装置工程量计算
11	031003003001	信号蝶阀 DN100，法兰连接，含接线	个	1	信号蝶阀1个		信号蝶阀的识读	信号蝶阀工程量计算
12	031003001001	自动排气阀 DN15，螺纹连接	个	1	自动排气阀1个		自动排气阀的识读	自动排气阀工程量计算

(2) 工程量计算练习

列项计算图 3-1～图 3-5 中 DN80、DN65 管道、刷油、支架工程量，将结果填入表 3-4。

表 3-4

消火栓分部分项工程量计算表

序号	项目编号	项目名称	计量单位	工程量	工程量计算式

(3) 课堂实训参考答案（表 3-5）

表 3-5

序号	项目编号	项目名称	计量单位	工程量	工程量计算式
1	030901001001	水喷淋镀锌钢管 DN80，螺纹连接	m	4.7	4.7
2	030901001002	水喷淋镀锌钢管 DN65，螺纹连接	m	12.1	2.5+7.0+2.6=12.1
3	031201001001	管道刷红色调和漆两遍	m^2	4.18	DN80 管道刷油工程量： $3.14 \times 88.5 \times 4.7 \times 10^{-3}=1.31m^2$ DN65 管道刷油工程量： $3.14 \times 75.5 \times 12.1 \times 10^{-3}=2.87m^2$ $\Sigma 4.18m^2$
4	031002011001	管道支架制作安装、一般型钢支吊架	kg	14.53	U 型吊架个数：16.8/6=2.8，取整数 3 个；U 型吊架工程量：$(0.8 \times 2+0.4) \times 3 \times 2.422=14.53kg$
5	031201003001	管道除轻锈、支架刷红丹漆和调和漆各两遍	kg	14.53	同支架工程量

3.5 课 外 实 训

（1）施工图选用

某游泳池工程给水排水施工图。

（2）实训要求

利用课外时间将给水排水施工图中自动喷淋系统所涉及的管道、阀门、喷头等内容进行清单列项和工程量计算，并将结果填入到工程量计算表中。

4 空调系统工程量计算

4.1 主要训练内容

空调系统主要由空调水和空调风组成，工程量计算实训主要以空调冷冻水、空调冷却水、空调凝结水和风管工程量计算为主（表 4-1）。

表 4-1

训练能力	主要训练内容	选用施工图
空调系统工程量计算	1. 空调水系统工程量计算 2. 空调风系统工程量计算	某商场空调系统施工图

4.2 工程量计算规范（规则）

按照《通用安装工程工程量计算规范》GB 50856—2013 中计算规则计算。

4.3 空调系统清单项目

空调系统列项常用的清单项目见表 4-2，具体见《通用安装工程工程量计算规范》GB 50856—2013 附录 K（给排水、采暖、燃气工程）、附录 G（通风空调工程）以及附录 M（刷油、防腐蚀、绝热工程）相关内容。

空调工程清单项目表　　　　　　　　　　表 4-2

序号	项目编号	项目名称	计量单位
		空调水系统	
1	030113001	冷水机组	台
2	030113017	冷却塔	台
3	030109001	离心式泵	台
4	031001001	镀锌钢管	m
5	031208002	管道绝热	m³
6	031003003	焊接法兰阀门	个
7	031003001	螺纹阀门	个
8	030603002	调节阀	台
9	031003008	除污器（过滤器）	组
10	031003010	软接头（软管）	个
11	031006008	水处理器	组
12	031006015	水箱	台
13	030601001	温度仪表	个
14	030601002	压力仪表	个
15	031002003	套管	个
16	031002001	管道支架	kg

序号	项目编号	项目名称	计量单位
17	031201003	金属结构刷油	kg
		空调风系统	
18	030701003	空调器	台（组）
19	030701004	风机盘管	台
20	030702007	复合型风管	m²
21	030703019	柔性接口	m²
22	030703001	碳钢阀门	个
23	030703011	铝及铝合金风口、散流器	个
24	030703020	消声器	个
25	030703021	静压箱	个

4.4 课 堂 实 训

以图 4-1～图 4-20 为例，讲解空调水系统、空调风系统列项与工程量计算的方法。

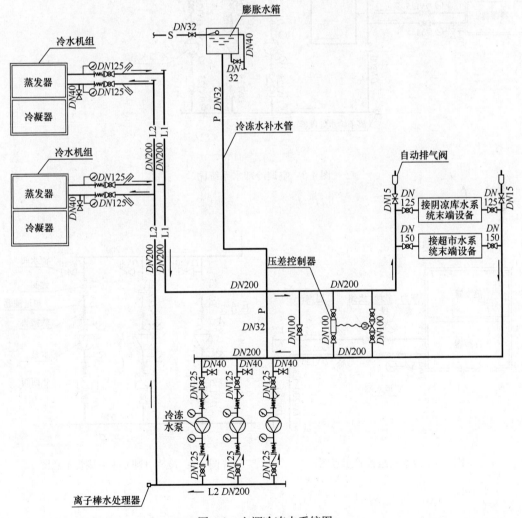

图 4-1 空调冷冻水系统图

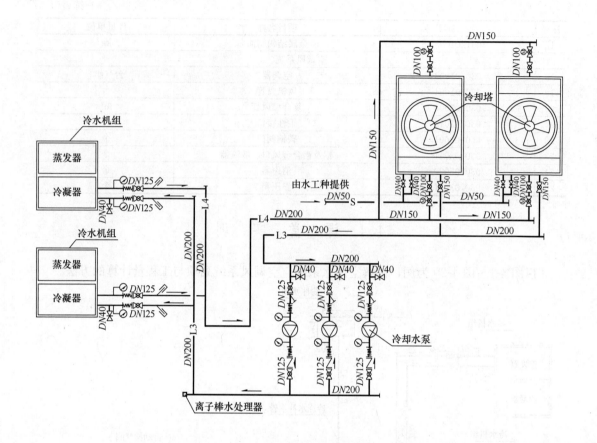

图 4-2　空调冷却水系统图

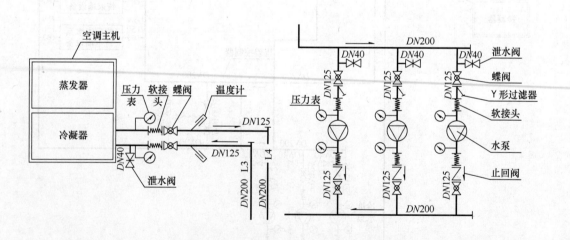

图 4-3　冷水机组接管示意图　　　图 4-4　冷冻（却）水泵接管示意图

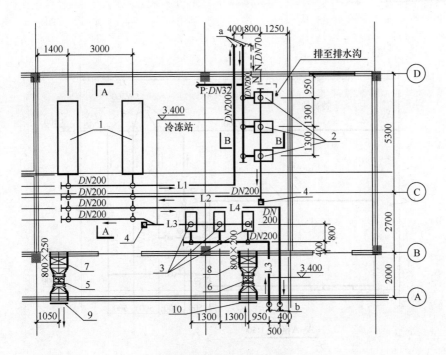

图 4-5　冷冻站布置平面图

序号	名称	规格型号		单位	数量	备　注
1	螺杆式冷水机组	30HXC-130A	$Q=456\text{kW}$ $N=98\text{kW}$ $Q=100\text{m}^3/\text{h}$	台		
2	卧式冷冻水泵	KQW125/315-15/4	$H=32\text{m}$ $N=15\text{kW}$	台		一台备用
3	卧式冷却水泵	HQW125/315-15/4	$Q=120\text{m}^3/\text{h}$ $H=30.5\text{m}$ $N=15\text{kW}$	台		一台备用
4	离子棒水处理器	ISI-750-PD-B-C		个		$N=180\text{W}$
5	低噪声轴流风机	DZ-13 3.2D	$L=3000\text{m/h},\ N=0.37\text{kW}$ $H=206\text{Pa}_{(全)}$	台		带 400×400 防水百叶风口
6	低噪声轴流风机	DZ-13 2.5D	$L=2000\text{m}^3/\text{h},\ N=0.37\text{kW}$ $H=216\text{Pa}_{(全)}$	台		带 300×300 防水百叶风口
7	防火阀	FFH-1　800×250		个		
8	防火阀	FFH-1　800×200		个		
9	防水百叶风口	FK-54　800×250		个		
10	防水百叶风口	FK-54　800×200		个		

图 4-6　冷冻站设备表

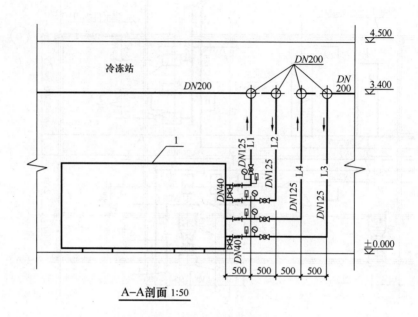

A-A剖面 1:50

图4-7 空调主机布置剖面图

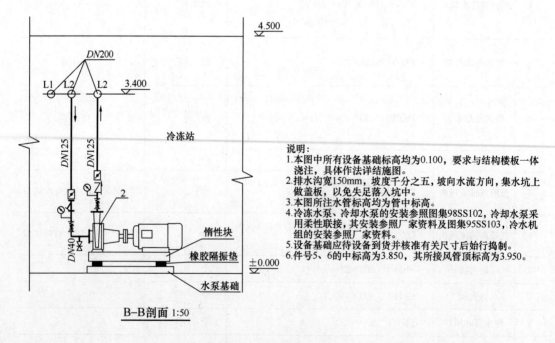

B-B剖面 1:50

说明:
1.本图中所有设备基础标高均为0.100,要求与结构楼板一体浇注,具体作法详结施图。
2.排水沟宽150mm,坡度千分之五,坡向水流方向,集水坑上做盖板,以免失足落入坑中。
3.本图所注水管标高均为管中标高。
4.冷冻水泵、冷却水泵的安装参照图集98SS102,冷却水泵采用柔性联接,其安装参照厂家资料及图集95SS103,冷水机组的安装参照厂家资料。
5.设备基础应待设备到货并核准有关尺寸后始行捣制。
6.件号5、6的中标高为3.850,其所接风管顶标高为3.950。

图4-8 空调水泵布置剖面图

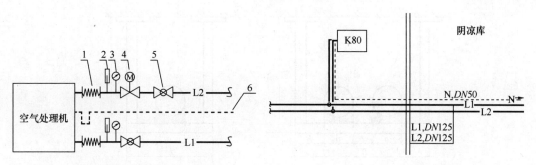

图 4-9 空气处理机接管示意图

1—软接头；2—温度计；3—压力表；
4—电动二通阀；5—蝶阀；6—空调凝结水排水管；
L1—冷冻水供水管；L2—冷冻水回水管

图 4-10 空气处理机布置平面图

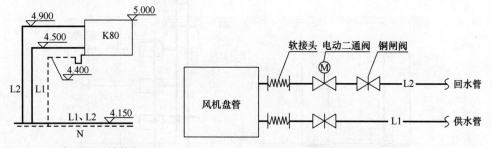

图 4-11 空气处理机接管剖面图

图 4-12 风机盘管接管示意图

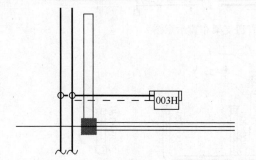

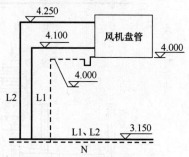

图 4-13 风机盘管布置平面图

图 4-14 风机盘管接管剖面图

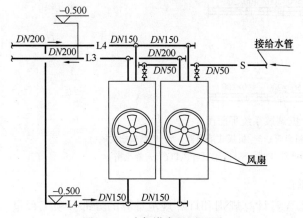

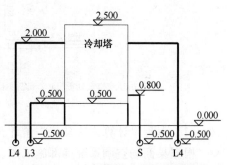

图 4-15 冷却塔布置平面图

图 4-16 冷却塔管道连接剖面图

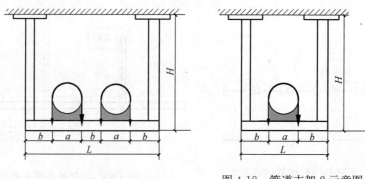

图 4-17 管道支架 1 示意图　　　　图 4-18 管道支架 2 示意图

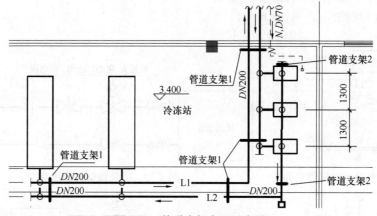

图 4-19 管道支架布置示意图

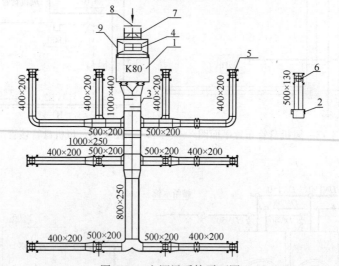

图 4-20 空调风系统平面图

1—吊顶式空气处理机；2—高静压风机盘管；3—折板式消声器；4—侧壁格栅式风口；

5、6—方形散流器；7—对开多叶调节阀；8—防水百叶风口；9—静压箱

（1）工程量计算方法及工程量计算举例

根据某商场空调系统局部施工图、工程量计算规则和计算规范计算的分部分项工程量见表 4-3。注意：工程量计算表中计算式空缺的内容由同学们计算工程量后补充上去。

通风空调工程分部分项工程量计算表

表 4-3

序号	项目编号	项目名称	计量单位	工程量	计算式（计算方法）	清单工程量计算规范	知识点	技能点
1	030113001001	冷水机组 30HXC—130A, Q=456kW, N=98kW	台	2	根据空调水系统原理图		冷水机组安装包含蒸发器、冷凝器、压缩机、节流装置	冷水机组工程量计算
2	030113017001	横流式玻璃钢冷却塔 SC-125, L=125m³/h, N=4kW	台	4	根据空调水系统原理图	按设计图示数量计算	冷却塔分为圆形和方形	冷却塔工程量计算
3	030109001001	卧式冷冻水泵 KQW125/315-15/4, Q=120m³/h, H=32m, N=15kW	台	3	根据空调水系统原理图		常用的空调水泵为离心式单级泵，分为立式和卧式	水泵工程量计算
4	030109001002	卧式冷却水泵 KQW125/315-15/4, Q=120m³/h, H=30.5m, N=15kW	台	3	根据空调水系统原理图			
5	031001001001	镀锌钢管 DN200 空调冷冻水，焊接连接、室内安装，含水压试验、水冲洗	m	45.72	冷冻站: 31.08m; 底层平面图干管 L1: →1.13+5.7=6.83m 底层平面图干管 L2: →1.41+6.4=7.81m	按设计图示管道中心线以长度计算	空调管有冷冻水管、冷却水管和冷凝水管，应分别列式计算	管道工程量计算
6	031001001002	镀锌钢管 DN150 空调冷冻水，焊接连接、室内安装，含水压试验、水冲洗	m	39.73	底层平面图干管 L1: →8.85+2+8.13+ (4.15−3.15)=19.98m 底层平面图干管 L2: →8.85+2+7.9+↓ (4.15−3.15)=19.75m			

续表

序号	项目编号	项目名称	计量单位	工程量	计算式(计算方法)	清单工程量计算规范	知识点	技能点
7	031001001003	镀锌钢管 DN125 空调冷冻水管、室内安装、焊接连接、含水压试验、水冲洗	m		冷冻站：＿＿＿m； 底层平面图干管 L1：＿＿＿m； 底层平面图干管 L2：＿＿＿m	按设计图示管道中心线长度计算	空调管道有冷冻水管、冷却水管和冷凝水管，应分别列式计算	管道工程量计算
8	031001001004	镀锌钢管 DN50 空调冷冻水管、室内安装、螺纹连接、含水压试验、水冲洗	m	21.5	接末端设备支管：10.75×2＝21.5m			
9	031001001005	镀锌钢管 DN20 空调冷冻水管、室内安装、螺纹连接、含水压试验、水冲洗	m		接末端设备支管：＿＿＿m			
10	031001001006	镀锌钢管 DN65 空调冷凝水管、室内安装、螺纹连接、含水压试验、水冲洗	m	6.89	底层平面图 N：5.97＋0.92＝6.89m	按设计图示管道中心线长度计算	空调冷冻水和空调冷却水管采用镀锌钢管，小口径管采用螺纹连接，大口径采用焊接连接	管道工程量计算
11	031001001007	镀锌钢管 DN50 空调冷凝水管、室内安装、螺纹连接、含水压试验、水冲洗	m		底层平面图 N：＿＿＿m			
12	031001001008	镀锌钢管 DN32 空调冷凝水管、室内安装、螺纹连接、含水压试验、水冲洗	m	8.7	接末端设备支管：4.35×2＝8.7m			

续表

序号	项目编号	项目名称	计量单位	工程量	计算式（计算方法）	清单工程量计算规范	知识点	技能点
13	031001001009	镀锌钢管DN20空调冷凝水管，室内安装，含水压试验、水冲洗	m		接末端设备支管：＿＿＿m；底层平面图干管N：＿＿＿m			
14	031001001010	镀锌钢管DN200空调冷却水管，室内安装，含水压试验、水冲洗	m	38.68	冷冻站：29.52m 冷却塔平面图：9.16m	按设计图示管道中心线以长度计算	空调冷冻水和空调冷却水管常采用镀锌钢管，小口径管采用螺纹连接，大口径采用焊接连接	管道工程量计算
15	031001001011	镀锌钢管DN150空调冷却水管，焊接连接，室内安装，含水压试验、水冲洗	m		冷却塔平面图＿＿＿m			
16	031001001012	镀锌钢管DN125空调冷却水管，焊接连接，室内安装，含水压试验、水冲洗	m		冷冻站平面图＿＿＿m			
17	031001001013	镀锌钢管DN100空调冷却水管，焊接连接，室内安装，含水压试验、水冲洗	m		冷却塔平面图＿＿＿m	按设计图示管道中心线以长度计算	空调水管道中需要保温的管道为冷冻水管和冷凝水排管	管道工程量计算
18	031001001014	镀锌钢管DN32空调冷凝水补水管，螺纹连接，室内安装，含水压试验、水冲洗	m		冷冻站平面图＿＿＿m			

续表

序号	项目编号	项目名称	计量单位	工程量	计算式（计算方法）	清单工程量计算规范	知识点	技能点
19	03100100 1015	镀锌钢管 DN40 空调冷却水补水水管，室内安装，含水连接、压试验、水冲洗	m		冷却塔平面图 _____ m	按设计图示管道中心线以长度计算	空调水管道中需要保温的管道为冷冻水管和冷凝水排水管	管道工程量计算
20	03100100 1016	镀锌钢管 DN50 空调冷却水补水水管，室内安装，含水连接、压试验、水冲洗	m		冷却塔平面图 _____ m			
21	03120800 2001	DN200 钢管保温，橡塑保温套管 δ＝36mm	m³	1.37	管道保温工程量计算公式为： $V = \pi \times (D + 1.033\delta) \times 1.033\delta \times L$ 式中 π——圆周率； D——管道外径； 1.033——调整系数； δ——保温厚度； L——管道长度。 保温材质和保温厚度根据施工图确定，而管道外径 D 可从五金手册查知。 $V = 3.14 \times (0.2193 + 1.033 \times 0.036) \times 1.033$ $\times 0.036 \times 45.72$			
22	03120800 2002	DN150 钢管保温，橡塑保温套管 δ＝33mm	m³		$V =$ _____ m³	按图示表面积加绝缘层厚度及调整系数计算	不同管径的保温套管计算方法	保温套管工程量计算
23	03120800 2003	DN125 钢管保温，橡塑保温套管 δ＝33mm	m³		$V =$ _____ m³			
24	03120800 2004	DN50 钢管保温，橡塑保温套管 δ＝28mm	m³		$V =$ _____ m³			

续表

序号	项目编号	项目名称	计量单位	工程量	计算式（计算方法）	清单工程量计算规范	知识点	技能点
25	031208002005	DN20 钢管保温，橡塑保温套管 δ=24mm	m³		V=	按图示表面积加绝缘层厚度及调整系数计算	不同管径的保温套管计算方法	保温套管工程量计算
26	031208002006	DN65 钢管保温，橡塑保温套管 δ=15mm	m³		V=			
27	031208002007	DN50 钢管保温，橡塑保温套管 δ=15mm	m³		V=			
28	031208002008	DN32 钢管保温，橡塑保温套管 δ=15mm	m³		V=			
29	031208002009	DN20 钢管保温，橡塑保温套管 δ=15mm	m³		V=			
30	031003003001	蝶阀 DN150，焊接法兰连接	个	4	根据空调水系统原理图	按设计图示数量计算	不同规格阀门分类	阀门工程量计算
31	031003003002	蝶阀 DN125，焊接法兰连接	个	22	根据空调水系统原理图			
32	031003003003	蝶阀 DN100，焊接法兰连接	个	4	根据空调水系统原理图			
33	031003003004	蝶阀 DN50，焊接法兰连接	个	4	根据空调水系统原理图			
34	031003001001	泄水用闸阀 DN40，螺纹连接	个	10	根据空调水系统原理图			
35	031003001002	铜闸阀 DN20，螺纹连接	个	4	根据空调水系统原理图			
36	030603002001	电动蝶阀 DN100，焊接法兰连接	个	4	根据空调水系统原理图			

续表

序号	项目编号	项目名称	计量单位	工程量	计算式（计算方法）	清单工程量计算规范	知识点	技能点
37	030603002002	压差控制器、配电动调节阀 DN100，焊接法兰连接	套	1	根据空调水系统原理图			
38	030603002003	电动二通阀 DN50，螺纹连接	个	2	根据空调水系统原理图			
39	030603002004	电动二通阀 DN20，螺纹连接	个	2	根据空调水系统原理图			
40	031003008001	Y形过滤器，DN125，焊接法兰连接	个	6	根据空调水系统原理图	按设计图示数量计算	不同规格阀门分类	阀门工程量计算
41	031003010001	橡胶软接头 DN125，焊接法兰连接	个	20	根据空调水系统原理图			
42	031003010002	橡胶软接头 DN50，螺纹连接	个	4	根据空调水系统原理图			
43	031003010003	橡胶软接头 DN20，螺纹连接	个	4	根据空调水系统原理图			
44	031003001002	自动排气阀 DN15，螺纹连接	个	2	根据空调水系统原理图			
45	031006008001	离子棒水处理器	组	2	根据空调水系统原理图		水处理器识读	水处理器工程量计算
46	031006015001	成品不锈钢水箱 1m³	台	1	根据空调水系统原理图	按设计图示数量计算	水箱识读	水箱工程量计算
47	031003001003	压力表阀门，铜闸阀 DN15，螺纹连接	个	24	根据空调水系统原理图		阀门识读	阀门工程量计算
48	030601002001	压力表 Y-100，0～1.6MPa	个	24	根据空调水系统原理图		压力表识读	压力表工程量计算

续表

序号	项目编号	项目名称	计量单位	工程量	计算式（计算方法）	清单工程量计算规范	知识点	技能点
49	030601001001	温度计 0～50℃	个	12	根据空调水系统原理图	按设计图示数量计算	温度计识读	温度计工程量计算
50	031002003001	一般穿墙钢套管 DN300	个	4	冷冻站内 DN200 冷冻水管穿墙套管：2 个 DN200 冷冻水管穿墙套管：2 个		套管选取和分类	套管工程量计算
51	031002003002	一般穿墙钢套管 DN250	个	6	冷冻站内 DN200 冷却水管穿墙套管：4 个 DN150 冷却水管穿墙套管：2 个			
52	031002001001	一般管道支架	kg	104.8	冷冻站内 DN200 冷却水：104.8kg 水平干管在管沟内敷设，不设支架	以千克计量，按设计图示质量计算	需要保温的管道采用带木垫式支架，不需要保温的管道采用一般管道支架	管道支架工程量计算
53	031002001002	带木垫式管道支架	kg		冷冻站内 DN200 冷冻水图 DN200：底层空调水平面图 DN200：(1.3×2+0.8)×3.77+1.4×0.888=14.06kg 底层空调水平面图 DN150：kg 底层空调水平面图 DN125：kg 底层空调水平面图 DN50：kg 底层空调水平面图 DN20：kg			管道支架工程量计算
54	031201003001	管道除轻锈、支架刷红丹漆两遍、调和漆两遍	kg	356.02	一般管道支架工程量+带木垫式管道支架工程量	以千克计量，按金属结构的理论质量计算	同支架工程量	管道支架刷油工程量计算

续表

序号	项目编号	项目名称	计量单位	工程量	计算式(计算方法)	清单工程量计算规范	知识点	技能点
55	030701003001	吊顶式空气处理机 DBFPX8I $L=8000\text{m}^3/\text{h}$, $Q=61.5\text{kW}$, $N=1.0×2\text{kW}$	台	1	根据空调水系统原理图	按设计图示数量计算	空气处理机识读	空气处理机工程量计算
56	030701004001	风机盘管 42CE003 $L=550\text{m}^3/\text{h}$, $Q=2.82\text{kW}$, $N=1.0×2\text{kW}$	台	2	根据空调水系统原理图		风机盘管的识读	风机盘管工程量计算
57	030702007001	双面铝箔聚苯乙烯复合风管制作安装 风管厚 $\delta=20\text{mm}$ 周长 4000mm 以下	m²	36.94	风管长度计算，一律以施工图所示中心线长度为准，包括弯头、三通、变径管，天圆地方等配件长度。风管长度不包括部件所占长度，也不包括设备所占长度。风管展开面积计算公式为： 矩形直风管展开面积：$S_{矩} = 2×(A+B)×L$ 圆形直风管展开面积：$S_{圆} = \pi DH$ 矩形异径管展开面积： $S_{异} = (A+B+a+b)×L$ 圆形异径管展开面积： $S_{异} = 1/2(D1+D2)×\pi H$ 矩形弯头展开面积：$S_{90°} = 2×(A+B)×3/4\pi A$ 圆形弯头展开面积：$S_{90°} = 3/4\pi^2 D^2$ 天圆地方管展开面积： $S_{天} = (\pi D/2+A+B)×H$ $S_{1000×400} = 2×(1+0.4)×2×1.14 = 6.38\text{m}^2$ $S_{1000×250} = 2×(1+0.25)×2×1.89 = 9.45\text{m}^2$ $S_{800×250} = 2×(0.8+0.25)×2×4.03 = 16.93\text{m}^2$ $S_{异} = (0.4+0.4+1.0+0.4)×0.58×2 = 1.97\text{m}^2$ $S_{异} = (1.0+0.4+1.0+0.25)×0.40 = 1.06\text{m}^2$ $S_{异} = (1.0+0.25+0.8+0.25)×0.50 = 1.15\text{m}^2$ 合计：36.94m²	按设计图示外径尺寸以展开面积计算	复合风管是由多种混合材料加工制作成的，包括酚醛、玻镁等风管	复合风管的工程量计算

续表

序号	项目编号	项目名称	计量单位	工程量	计算式（计算方法）	清单工程量计算规范	知识点	技能点
58	030702007002	双面铝箔聚苯乙烯复合风管制作安装 风管厚 $\delta=20mm$ 以下 周长 2000mm 以下	m²	52.64	$S_{400×200}=$ m² $S_{500×200}=$ m² $S_弯=$ m² $S_异=$ m² 合计：52.64m²	按设计图示外径尺寸以展开面积计算	复合风管是由多种混合材料加工制作成的，包括酚醛、玻镁等风管	复合风管的工程量计算
59	030703019001	帆布软接头	m²	1.48	$S1=2×(1.6+0.5)×0.2=0.84m^2$ $S2=2×(0.4+0.4)×0.2×2=0.64m^2$ 合计：1.48m²	按设计图示数量计算	帆布柔性接头识读	帆布软接头工程量计算
60	030703001001	对开多页调节阀 FT 1000×300	个	2	根据空调水系统原理图	按设计图示数量计算	碳钢调节阀阀识读	碳钢调节阀工程量计算
61	030703011001	侧壁隔栅式风口 FK-4，1200×500（配调节阀、配滤网）	个	2	根据空调水系统原理图			
62	030703011002	方形散流器 FK-10 300×300（配调节阀）	个	24	根据空调水系统原理图		风口、散流器识读	风口、散流器工程量计算
63	030703011003	方形散流器 FK-10 240×240（配调节阀）	个	2	根据空调水系统原理图			
64	030703011004	防水百叶风口 FK-54，1000×300（配调节阀）	个	2	根据空调水系统原理图			

续表

序号	项目编号	项目名称	计量单位	工程量	计算式（计算方法）	清单工程量计算规范	知识点	技能点
65	030703020001	折板式消声器 1000×400，L=1000	个	2	根据空调风平面图	按设计图示数量计算	消声器的种类很多，但凭其消声机理，又可以把它们分为六种主要类型：即阻性消声器、抗性消声器、阻抗复合式消声器、微穿孔板消声器、小孔消声器和有源消声器	消声器工程量计算
66	030703021001	静压箱 1600×1000×500	个	2	根据空调风平面图	按设计图示数量计算	静压箱是送风系统增加静压，减少动压，稳定气流和减少气流振动的一种必要的配件，它可使送风效果更加理想	静压箱工程量计算

（2）工程量计算参考答案

根据空调风系统施工图和空调水系统施工图，进行清单列项与工程量计算（表 4-4）。

通风空调工程清单列项与工程量计算表

表 4-4

序号	清单编号	项目名称	单位	工程量	工程量计算式
一、空调水系统					
1	030113001001	冷水机组 30HXC-130A，Q=456kW，N=98kW	台	2	根据空调水系统原理图
2	030113017001	横流式玻璃钢冷却塔 SC-125，L=125m³/h，N=4kW	台	4	根据空调水系统原理图
3	030109000001	卧式冷冻水泵 KQW125/315-15/4，Q=120m³/h，H=32m，N=15kW	台	3	根据空调水系统原理图

续表

序号	清单编号	项目名称	单位	工程量	工程量计算式
4	030109001002	卧式冷却水泵 KQW125/315-15/4，$Q=120m^3/h$，$H=30.5m$，$N=15kW$	台	3	根据空调水系统原理图
5	031001001001	镀锌钢管 DN200 空调冷冻水管、室内安装、含水压试验、水冲洗	m	45.72	冷冻站：31.08 底层平面图干管 L1：→1.13+5.7=6.83 底层平面图干管 L2：→1.41+6.4=7.81
6	031001001002	镀锌钢管 DN150 空调冷冻水管、室内安装、含水压试验、水冲洗	m	39.73	底层平面图干管 L1：→8.85+2+8.13+↓(4.15−3.15)=19.98 底层平面图干管 L2：→8.85+2+7.9+↓(4.15−3.15)=19.75
7	031001001003	镀锌钢管 DN125 空调冷冻水管、室内安装、含水压试验、水冲洗	m	79.12	冷冻站：17.2 底层平面图干管 L1：31.11 底层平面图干管 L2：30.81
8	031001001004	镀锌钢管 DN50 空调冷冻水管、室内安装、含水压试验、水冲洗	m	21.5	接末端设备支管：10.75×2=21.5
9	031001001005	镀锌钢管 DN20 空调冷冻水管、室内安装、含水压试验、水冲洗	m	13.1	接末端设备支管：6.55×2=13.1
10	031001001006	镀锌钢管 DN65 空调冷凝水管、室内安装、含水压试验、水冲洗	m	6.89	底层平面图 N：5.97+0.92=6.89
11	031001001007	镀锌钢管 DN50 空调冷凝水管、室内安装、含水压试验、水冲洗	m	26.89	底层平面图 N：26.89
12	031001001008	镀锌钢管 DN32 空调冷凝水管、室内安装、含水压试验、水冲洗	m	8.7	接末端设备支管：4.35×2=8.7
13	031001001009	镀锌钢管 DN20 空调冷凝水管、室内安装、含水压试验、水冲洗	m	23.97	接末端设备支管：2.95×2=5.9 底层平面图干管：9+1.94+7.13=18.07

续表

序号	清单编号	项目名称	单位	工程量	工程量计算式
14	031001001010	镀锌钢管 DN200 空调冷却水管、室内安装、含水压试验、水冲洗	m	38.68	冷冻站：29.52 冷却塔平面图：9.16
15	031001001011	镀锌钢管 DN150 空调冷却水管、室内安装、含水压试验、水冲洗	m	16.51	冷却塔平面图：16.51
16	031001001012	镀锌钢管 DN125 空调冷却水管、室内安装、含水压试验、水冲洗	m	17.2	冷冻站平面图：17.2
17	031001001013	镀锌钢管 DN100 空调冷却水管、室内安装、含水压试验、水冲洗	m	14.74	冷冻站平面图：14.74
18	031001001014	镀锌钢管 DN32 空调冷冻水补水管、室内安装、含水压试验、水冲洗	m	1.97	冷冻站平面图：1.97
19	031001001015	镀锌钢管 DN40 空调冷却水补水管、室内安装、含水压试验、水冲洗	m	5.74	冷却塔平面图：5.74
20	031001001016	镀锌钢管 DN50 空调冷却水补水管、室内安装、含水压试验、水冲洗	m	3.96	冷却塔平面图：3.96
21	031208002001	DN200 钢管保温、橡塑保温套管 $\delta=36$mm	m³	1.37	$V=3.14\times(0.2193+1.033\times0.036)\times1.033\times0.036\times45.72$
22	031208002002	DN150 钢管保温、橡塑保温套管 $\delta=33$mm	m³	0.86	$V=3.14\times(0.1683+1.033\times0.033)\times1.033\times0.033\times39.73$
23	031208002003	DN125 钢管保温、橡塑保温套管 $\delta=33$mm	m³	1.47	$V=3.14\times(0.1400+1.033\times0.033)\times1.033\times0.033\times79.12$
24	031208002004	DN50 钢管保温、橡塑保温套管 $\delta=28$mm	m³	0.09	$V=3.14\times(0.0603+1.033\times0.028)\times1.033\times0.028\times10.75$
25	031208002005	DN20 钢管保温、橡塑保温套管 $\delta=24$mm	m³	0.05	$V=3.14\times(0.0269+1.033\times0.024)\times1.033\times0.024\times13.1$
26	031208002006	DN65 钢管保温、橡塑保温套管 $\delta=15$mm	m³	0.03	$V=3.14\times(0.0755+1.033\times0.015)\times1.033\times0.015\times6.89$

续表

序号	清单编号	项目名称	单位	工程量	工程量计算式
27	031208002007	DN50 钢管保温，橡塑保温套管 $\delta=15mm$	m^3	0.10	$V=3.14\times(0.0603+1.033\times0.015)\times1.033\times0.015\times26.89$
28	031208002008	DN32 钢管保温，橡塑保温套管 $\delta=15mm$	m^3	0.03	$V=3.14\times(0.0424+1.033\times0.015)\times1.033\times0.015\times8.7$
29	031208002009	DN20 钢管保温，橡塑保温套管 $\delta=15mm$	m^3	0.05	$V=3.14\times(0.0269+1.033\times0.015)\times1.033\times0.015\times23.97$
30	031003003001	蝶阀 DN150，焊接法兰连接	个	4	根据空调水系统原理图
31	031003003002	蝶阀 DN125，焊接法兰连接	个	22	根据空调水系统原理图
32	031003003003	蝶阀 DN100，焊接法兰连接	个	4	根据空调水系统原理图
33	031003003004	蝶阀 DN50，焊接法兰连接	个	4	根据空调水系统原理图
34	031003001001	泄水用闸阀 DN40，螺纹连接	个	10	根据空调水系统原理图
35	031003001002	铜闸阀 DN20，螺纹连接	个	4	根据空调水系统原理图
36	030603002001	电动蝶阀 DN100，焊接法兰连接	个	4	根据空调水系统原理图
37	030603002002	压差控制器，配电动调节阀 DN100，焊接法兰连接	套	1	根据空调水系统原理图
38	030603002003	电动二通阀 DN50，螺纹连接	个	2	根据空调水系统原理图
39	030603002004	电动二通阀 DN20，螺纹连接	个	2	根据空调水系统原理图
40	031003008001	Y 形过滤器，DN125，焊接法兰连接	个	6	根据空调水系统原理图
41	031003010001	橡胶软接头 DN125，焊接法兰连接	个	20	根据空调水系统原理图
42	031003010002	橡胶软接头 DN50，螺纹连接	个	4	根据空调水系统原理图
43	031003010003	橡胶软接头 DN20，螺纹连接	个	4	根据空调水系统原理图
44	031003001002	自动排气阀 DN15，螺纹连接	个	2	根据空调水系统原理图
45	031006008001	离子棒水处理器	组	2	根据空调水系统原理图

续表

序号	清单编号	项目名称	单位	工程量	工程量计算式
46	031006015001	成品不锈钢水箱 1m³	台	1	根据空调系统原理图
47	031003001003	压力表阀门，铜闸阀 DN15，螺纹连接	个	24	根据空调水系统原理图
48	030601002001	压力表 Y-100，0~1.6MPa	个	24	根据空调水系统原理图
49	030601001001	温度计 0~50℃	个	12	根据空调水系统原理图
50	031002003001	一般穿墙钢套管 DN300	个	4	冷冻站内 DN200 冷冻水管穿套管：2 个 空调水平面图 DN200 冷冻水管穿墙套管：2 个
51	031002003002	一般穿墙钢套管 DN250	个	6	冷冻站内 DN200 冷却水管穿套管：4 个 空调水平面图 DN150 冷冻水管穿墙套管：2 个
52	031002001001	一般管道支架	kg	104.8	冷冻站内 DN200 冷却水：104.8kg 冷却塔平面图：水平干管在管沟内敷设，不设支架
53	031002001002	带木垫式管道支架	kg	251.22	冷冻站内 DN200 冷冻水：104.8kg 底层空调水平面图 DN150：[(1.3×2+0.8)×3.77+1.1×0.888] ×2+[(2.3×2+0.8)×3.77+1.1×0.888]×2=27.6+42.67=70.27 底层空调水平面图 DN125：[(1.3×2+0.7)×3.77+0.88×0.888] ×3=39.66 底层空调水平面图 DN50：[(1.3×2+0.4)×1.373+0.4×0.617] ×2=8.73 底层空调水平面图 DN20：[(2.3×2+0.3)×1.373+0.2×0.617] ×2=13.7
54	031201003001	管道支架除轻锈、刷红丹漆两遍、调和漆两遍	kg	356.02	一般管道支架工程量+带木垫式管道支架工程量

52

续表

二、通风系统

序号	清单编号	项目名称	单位	工程量	工程量计算式
55	030701003001	吊顶式空气处理机 DBFPX8I $L=8000m^3/h$, $Q=61.5kW$, $N=1.0×2kW$	台	1	根据空调风平面图
56	030701004001	风机盘管 42CE003 $L=550m^3/h$, $Q=2.82kW$, $N=1.0×2kW$	台	2	根据空调风平面图
57	030702007001	双面铝箔聚苯乙烯复合风管制作安装，风管厚 $\delta=20mm$，周长 4000mm以下	m^2	36.94	$S_{1000×400}=2×(1+0.4)×2×1.14=6.38$ $S_{1000×250}=2×(1+0.25)×2×1.89=9.45$ $S_{800×250}=2×(0.8+0.25)×2×4.03=16.93$ $S_{异}=(0.4+0.4+0.5+0.4)×0.58×2=1.97$ $S_{异}=(1.0+0.4+1.0+0.25)×0.40=1.06$ $S_{异}=(1.0+0.25+0.8+0.25)×0.50=1.15$ 合计：36.94
58	030702007002	双面铝箔聚苯乙烯复合风管制作安装，风管厚 $\delta=20mm$，周长 2000mm以下	m^2	52.64	$S_{400×200}=2×(0.4+0.2)×(2.73+3.13+3.47×2)×2=30.72$ $S_{500×200}=2×(0.5+0.2)×2.4×3×2=20.16$ $S_{弯}=2×(A+B)×3/4\pi A=2×(0.4+0.2)×3/4×3.14×0.4=1.13$ $S_{异}=(0.5+0.2+0.4+0.2)×0.48=0.63$ 合计：52.64
59	030703019001	帆布软接头	m^2	1.48	$S_1=2×(1.6+0.5)×0.2=0.84$ $S_2=2×(0.4+0.4)×0.2×2=0.64$ 合计：1.48
60	030703001001	对开多叶调节阀 FT 1000×300	个	2	
61	030703011001	侧壁隔栅式风口 FK-4 1200×500(配调节阀，配滤网)	个	2	
62	030703011002	方形散流器 FK-10 300×300(配调节阀)	个	24	
63	030703011003	方形散流器 FK-10 240×240(配调节阀)	个	2	
64	030703011004	防水百叶风口 FK-54 1000×300(配调节阀)	个	2	
65	030703020001	折板式消声器 1000×400 $L=1000$	个	2	
66	030703021001	静压箱 1600×1000×500	个	2	

4.5 课 外 实 训

（1）施工图选用

某商场空调系统施工图。

（2）实训要求

利用课外时间根据某空调工程施工图，将其中的通风空调工程进行清单列项和工程量
计算，并将结果填入到工程量计算表中。

5 电气照明系统工程量计算

5.1 主要训练内容

建筑电气照明系统主要由入户线、总配电箱、分配电箱、配电干线、配电支线及照明器具组成，工程量计算实训主要以管线、电缆工程量计算为主（表 5-1）。

表 5-1

训练能力	主要训练内容	选用施工图
1. 分项工程项目列项 2. 管线清单工程量计算	1. 分部分项工程量清单项目 2. 电缆进户工程量计算 3. 管线工程量计算 4. 配电箱工程量计算 5. 灯具工程量计算 6. 开关插座工程量计算	某教学楼电气照明施工图

5.2 工程量计算规范（规则）

按照《通用安装工程工程量计算规范》GB 50856—2013 中计算规则计算。

5.3 电气照明系统清单项目

建筑电气照明系统列项常用的清单项目见表 5-2，具体见《通用安装工程工程量计算规范》GB 50856—2013 附录 D（电气设备安装工程）相关内容。

电气照明工程清单项目表　　　　表 5-2

序号	项目编号	项目名称	计量单位
1	030404017	配电箱	台
2	030408001	电力电缆	m
3	030408003	电缆保护管	m
4	030411001	电气配管	m
5	030411004	电气配线	m
6	030412001	普通灯具	套
7	030404033	风扇	台
8	030404034	照明开关	个
9	030404035	插座	个
10	030408006	电缆头制作安装	个
11	030408008	防火堵洞	处
12	040101002	管沟土方	m³

5.4 课 堂 实 训

选用某学院 5 号教学楼部分电气施工图（图 5-1～图 5-8）。

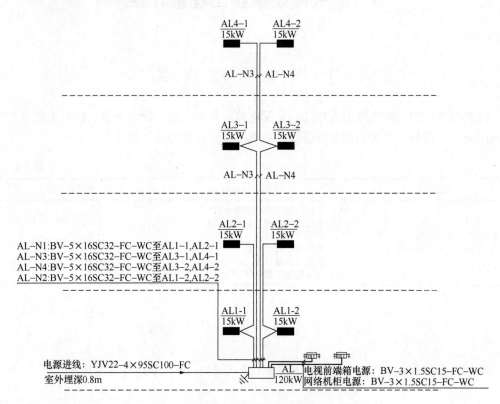

图 5-1 配电干线系统图

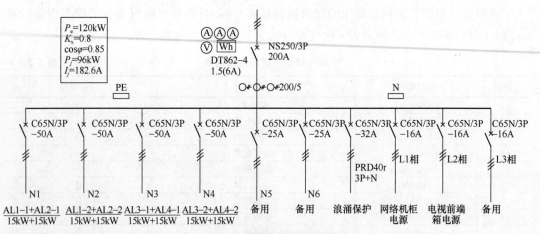

AL配电箱系统图（共1台）

参考尺寸：1000×800×200,暗装
距地1.0m

图 5-2 AL 配电箱系统图

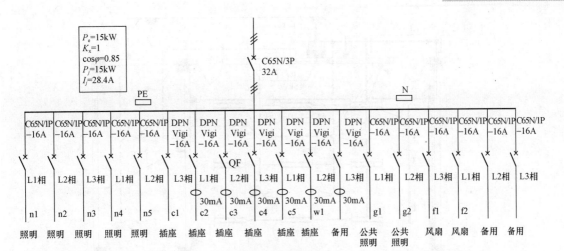

AL1-1电箱系统图

参考尺寸：500×800×120，
暗装距地1.5m

图 5-3　AL1-1 配电箱系统图

四、照明系统

1. 照明

(1) 照度标准：公共走道 50Lx，楼梯间 30Lx，门厅 100Lx，教室 300Lx，办公室 300Lx，实验
室 300Lx。

(2) 照明分支线路，每回路均单独设置中性线，不得共用。所有照明分支线单独穿管，设 PE 线保护。

(3) 设计光源采用 T5 荧光灯和紧凑型荧光灯，配电子镇流器，要求灯具的功率因数不低于 0.9，否则应
加装补偿电容器。

2. 线路及敷设

(1) 照明干线采用 BV-450/750V 型铜芯导线穿钢管埋地，埋墙敷设。

(2) 照明分支配线除图中注明外，均采用 BV-450/750V-2.5mm² 导线穿钢管暗敷。未注明根数的线路均
为三根。穿金属管布线要求：1～3 根 SC15，4～5 根 SC20，6～7 根 SC25。

图 5-4　电气设计说明

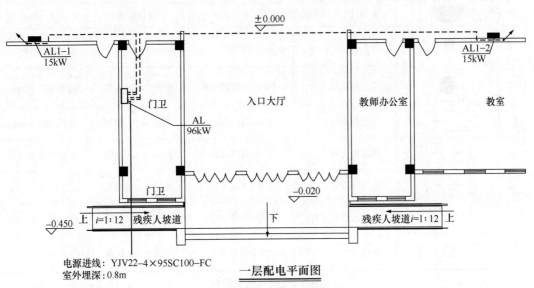

电源进线：YJV22-4×95SC100-FC
室外埋深：0.8m

一层配电平面图

图 5-5　一层配电平面图

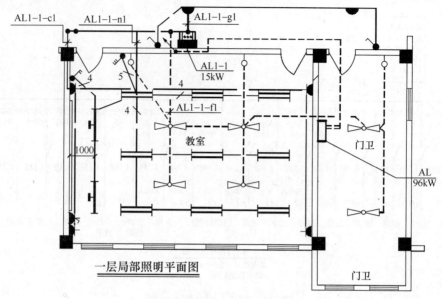

一层局部照明平面图

图 5-6　一层局部照明平面图

7		单联单控开关	K31/1/2A	距地 1.3m 明装	250V，10A
8		双联单控开关	K32/1/2A	距地 1.3m 明装	250V，10A
9		三联单控开关	K33/1/2A	距地 1.3m 明装	250V，10A
10	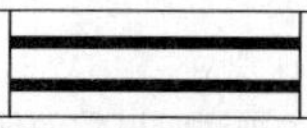	双管日光灯	T5，2×36W	距地 2.5m 杆吊	
11	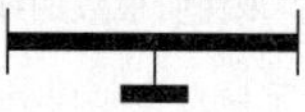	黑板灯	T5，1×36W	距黑板顶 0.3m	
12	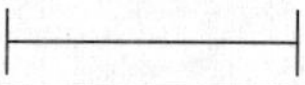	单管日光灯	T5，1×28W	距地 2.2m 壁装	
13		镜前灯	T5，1×28W	距顶 0.5m 壁装	
14		吸顶灯	T5，1×36W	吸顶安装	
15		排气扇	60W		见设施图
16		应急照明灯	18W，自带蓄电池	距地 2.5m 壁装	应急时间 30min
17		疏散标志灯	PAK-Y01-102	距地 0.5m 暗装	应急时间 30min
18	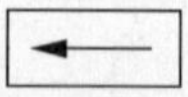	疏散标志灯	PAK-Y01-103	距地 0.5m 暗装	应急时间 30min
19	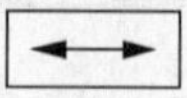	疏散标志灯	PAK-Y01-104	距地 0.5m 暗装	应急时间 30min
20	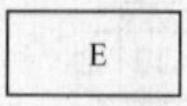 E	安全出口标志灯	PAK-Y01-101	门上 0.2m 暗装	应急时间 30min
21	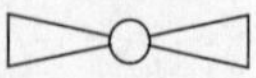	吊扇	φ1200 66W	距地 2.7m 杆吊	

图 5-7　照明器具图例

22		调速开关	配套	距地 1.3m 明装	
23		普通插座	T426/10USL	距地 0.5m 暗装	250V，10A
24		电视插座	T426/10US3	距顶 1.0m 暗装	250V，10A
25		卫生间插座	T426/10USL	距地 1.5m 暗装	250V，10A 加装防溅盖板

图 5-8　开关插座图例

（1）工程量计算方法及工程量计算举例

以图 5-1～图 5-8 为例，介绍电气照明系统管线、电缆工程量计算方法，具体计算内容见表 5-3。

表 5-3

电气照明分部分项工程量计算表

序号	项目编号	项目名称	计量单位	工程量	计算式(计算方法)	清单工程量计算规范	知识点	技能点
1	030404017001	配电箱	台		按配电箱的规格型号，分别列清单项和工程量计算	按设计图示数量计算		配电箱列项
2	030408001001	电力电缆	m		电缆工程量计算公式=(水平长+垂直长+预留长)×(1+2.5%)	按设计图示尺寸以单线长度计算(含预留长度及附加长度)	电缆敷设主要工作内容：电缆保护管敷设、电缆敷设、电缆头制作安装、电缆沟挖土方、防火堵洞等	电缆预留长度的应用
3	030408003001	电缆保护管	m		电缆保护管工程量计算公式=水平长+垂直长	按设计图示尺寸以长度计算	当直埋电缆穿过道路、水沟、建筑物基础时必须穿管保护	管道列项与长度计算
4	030411001001	钢管暗敷 SC32	m	17.62	配电子线工程量计算方法： 工程量计算公式=水平长+垂直长 例如 N1 回路：↓(1.0+0.1)+→(0.87+3.31+5.14+0.49+1.21)+↑(1.5+0.1)+↑3.9=17.62	按设计图示尺寸以长度计算，不扣除管路中间接线盒、灯头盒、开关盒所占长度	SC—钢管; JDG—紧定式薄壁钢管; KBG—扣压式薄壁钢管; PC—硬塑料管; PVC—半硬塑料管; FPC—半硬阻燃塑料管	管道列项与长度计算
5	030411001002	钢管暗敷 SC20	m	11.55	照明支线工程量计算方法： (1)支线管道工程量：按管径和管内穿线根数列项计算，例如 AL1-1-n1; (2)开关管工程量：管长=水平长+垂直长(层高一开关高度=板厚)。例如 AL1-1-n1:			
6	030411001003	钢管暗敷 SC15	m	29.76	SC15(穿 3 线)：↑(3.9-1.5-0.8-0.1)+→(0.7+1.96+2.37+5.49×3+2.07+1.97+2.72)=29.76 SC20(穿 4 线)→2.77+2.07+↓到开关(3.9-1.3-0.1)=7.34 SC20(穿 5 线)→1.71+↓到开关(3.9-1.3-0.1)=4.21 SC20 管合计：7.34+4.21=11.55			

续表

序号	项目编号	项目名称	计量单位	工程量	计算式（计算方法）	清单工程量计算规范	知识点	技能点
7	030411004001	管内穿线 BV-16	m	116.6	电线工程量计算方法： (1) 线长＝(管长＋预留长度)×穿线根数 (2) 按电线的材质、截面大小及回路编号分别列计算式。例如： N1：(17.62＋预留1.8＋1.3×3)×5＝116.6	按设计图示尺寸以单线长度计算（含预留长度）	配线进入配电箱的预留长度为为配电箱的半周长	电线长度的计算
8	030411004002	管内穿线 BV-2.5	m	143.59	AL1-1-n1：(29.76＋预留1.3)×3＋7.34×4＋4.21×5＝143.59			
9	030412001001	普通灯具	套		按设计图示数量计算			
10	030404033001	风扇	台		按设计图示数量计算、风扇的安装包括调速开关的安装			
11	030404034001	照明开关	个			按设计图示数量计算		
12	030404035001	插座	个					
13	030408006001	电力电缆头制作安装	m		一根电缆有两个终端头			
14	030408008001	防火堵洞	处		电缆进入配电箱要进行防火封堵，按处计算		防火堵洞是指电缆在进出电缆沟、配电所、变电所等场所用防火材料（防火包、防火泥等）进行封堵，防止外部火灾蔓延至变电所、配电间等场所，引起更大的火情	防火堵洞工程量的计算
15	040101002001	管沟土方	m³		按市政管沟土方工程量计算方法计算，沟宽为管外径＋两侧工作面宽度			

（2）工程量计算练习

将图 5-1～图 5-8 中配电箱、管线、电缆、灯具、开关插座等电气设施，进行清单列项和工程量计算，将结果填入表 5-4 中。

工程量计算表

表 5-4

序号	项目编号	项目名称	计量单位	工程量	工程量计算式

（3）工程量计算练习参考答案（表 5-5）

工程量计算表

表 5-5

序号	项目编码	项目名称	单位	工程量	工程量计算式
1	03040401700	AL 配电箱安装	台	1	
2	03040401700	AL1-1、AL1-2、AL3-2、AL4-2 配电箱安装	台	4	
3	03040401700	AL2-1 配电箱安装	台	1	
4	03040401700	AL2-2 配电箱安装	台	1	
5	03040401700	AL3-1、AL4-1 配电箱安装	台	2	
6	03040800300	电缆保护管 SC50 敷设	m	11.39	→8.64+0.5+↑（0.45+0.8+箱安装高1.0）
7	03040800100	电力电缆 YJV22-4×95 敷设	m	14.22	（11.39+箱半周长1.8）×（1+2.5%）
8	03040800600	电缆头制作安装 YJV22-4×95	m	1	按图纸计算进箱部分
9	03040800800	电缆防火堵洞	处	1	进配电箱处
10	04010100200	管沟土方	m³	3.46	沟深0.8×沟宽0.5×8.64
11	03041100100	钢管暗敷 SC32	m	74.52	N1：↓（1.0+0.1）+→（0.87+3.31+5.14+0.49+1.21）+↑（1.5+0.1）+↑3.9=17.62 N2：↓（1.0+0.1）+→（1.10+3.60+1.94+0.48+1.62）+↑（1.5+0.1）+↑3.9=15.34 N3：↓（3.9-1.0-0.8）+→（0.87+3.31+5.14+0.49+1.21）+↑（3.9+1.0+3.9）=21.92 N4：↑（3.9-1.0-0.8）+→（10+3.60+1.94+0.48+1.62）+↑（3.9+1.0+3.9）=19.64 合计：17.62+15.34+21.92+19.64=74.52
12	03041100100	钢管暗敷 SC15	m	116.59	AL1-1-n1：↑（3.9-1.5-0.8-0.1）+→（0.7+1.96+2.37+5.49×3+2.07+1.97+2.72）=29.76 AL1-1-c1：↓（1.5+0.1）+→（0.7+4.64+2.15+5.08+9.47+5.30）+↑进插座（0.5+0.1）×7=33.14 AL1-1-g1：↑（3.9-1.5-0.8-0.1）+→（1.56+6.39+1.65+1.63）+↑到开关（3.9-1.3-0.1）×2=17.73 AL1-1-f1：↑（3.9-1.5-0.8-0.1）+→（3.11+7.47+2.25+3.13+4.93+3.19+2.88）+↑到开关（3.9-1.3-0.1）×3=35.96 合计：29.76+33.14+17.73+35.96=116.59

5　电气照明系统工程量计算

63

续表

序号	项目编码	项目名称	单位	工程量	工程量计算式
13	030411001003	钢管暗敷 SC20	m	11.55	AL1-1-n1: 穿 4 线→2.77＋2.07＋↓到开关(3.9－1.3－0.1)＝7.34 穿 5 线→1.71＋↓到开关(3.9－1.3－0.1)＝4.21 合计: 7.34＋4.21＝11.55
14	030411004001	管内穿线 BV-16	m	486.6	N1: (17.62＋预留 1.8＋1.3×3)×5＝116.6 N2: (15.34＋预留 1.8＋1.3×3)×5＝105.2 N3: (21.92＋预留 1.8＋1.3×3)×5＝138.1 N4: (19.64＋预留 1.8＋1.3×3)×5＝126.7 合计: 116.6＋105.2＋138.1＋126.7＝486.6
15	030411004002	管内穿线 BV-2.5	m	452.48	(116.59＋预留 1.3×4)×3＋7.34×4＋11.55×5＝452.48
16	030412001001	半圆球吸顶灯、T5、1×36W	套	2	
17	030412005001	双管日光灯、T5、2×36W, 距地 2.5m 杆吊安装	套	9	
18	030412005004	黑板灯、T5、1×36W, 距黑板顶 0.5m 安装	套	2	
19	03040403001	吊扇、φ1200、66W, 距地 2.7m 杆吊安装, 含调速开关安装	台	6	
20	03040404034001	单联单控开关、距地 1.3m 明装	个	2	
21	03040404034002	双联单控开关、距地 1.3m 明装	个	1	
22	03040404034003	三联单控开关、距地 1.3m 明装	个	1	
23	03040404035001	普通插座 T426/10USL 暗装	个	4	
24	03040404035002	电视插座 T426/10US3 暗装	个	1	

5.5 课 外 实 训

（1）施工图选用

某学院 5 号教学楼电气施工图。

（2）实训要求

利用课外时间将 5 号教学楼电气施工图中所有的配电箱、管线、电缆、灯具、开关插座等电气设施进行清单列项和工程量计算，并将结果填入到工程量计算表中。

6 防雷接地系统工程量计算

6.1 主要训练内容

防雷接地系统主要由接闪器、引下线及接地装置组成，工程量计算实训主要以避雷带、引下线、均压环、接地母线工程量计算为主（表 6-1）。

表 6-1

训练能力	主要训练内容	选用施工图
1. 分项工程项目列项 2. 管线清单工程量计算	1. 避雷带工程量计算 2. 引下线工程量计算 3. 接地母线工程量计算 4. 其他附件工程量计算 5. 接地系统调试	某游泳池和某学院 5 号教学楼防雷接地施工图

6.2 工程量计算规范（规则）

按照《通用安装工程工程量计算规范》GB 50856—2013 中计算规则计算。

6.3 防雷接地系统列项

防雷接地系统列项常用的清单项目见表 6-2，具体见《通用安装工程工程量计算规范》GB 50856—2013 附录 D（电气设备安装工程）相关内容。

防雷接地工程清单项目表

表 6-2

序号	项目编号	项目名称	计量单位
1	030409006	避雷针制作与安装	根
2	030409005	避雷网制作与安装	m
3	030409003	避雷引下线	m
4	030409002	接地母线	m
5	030409004	均压环	m
6	030409008	等电位端子箱，含总等电位与局部等电位	台
7	030409008	接地电阻测试盒	台
8	030414011	接地装置测试	系统

6.4 课 堂 实 训

选用某游泳池防雷接地施工图（图 6-1～图 6-5）。

七、建筑物防雷

1. 本工程年预计雷击次数 $N=0.033$ 次/a，按三类防雷建筑设计。

2. 分别 5 个在装饰物的立柱上装设 5 支避雷针，针长 1m，同时利用金属立柱作引下线，再通过柱内两根对角主筋与接地装置焊接。

3. 对于 4 层楼梯间的位置，在女儿墙压顶内暗敷设 φ8 圆钢做避雷带，利用柱内两根对角主筋引下线，并在离地 0.5m 的位置设接地电阻测试盒。

4. 凡突出屋面的金属物体均应就近与接闪器焊接。

八、等电位联结及接地

1. 利用建筑物的基础钢筋作接地装置，并用一 40×4 镀锌扁钢沿建筑四周敷设成一圈闭合的接地线，接地电阻 $R{\leqslant}4$ 欧。

2. 在电源引入处（设备间）设一总等电位联结箱 MEB，同时在浴室、厕所、更衣室各设一局部等电位联结箱 LEB，共 6 个局部等电位联结箱 LEB。

3. 总等电位联结箱 MEB 通过两根接地干线与接地体相连，局部等电位联结箱 LEB 通过接地干线与总等电位联结箱 MEB 相连。本工程的接地干线由沿建筑物四周敷设的一 40×4 镀锌扁钢。

4. 按标准图集 02D501-2 进行等电位联结安装。

图 6-1 防雷接地设计说明（部分截取）

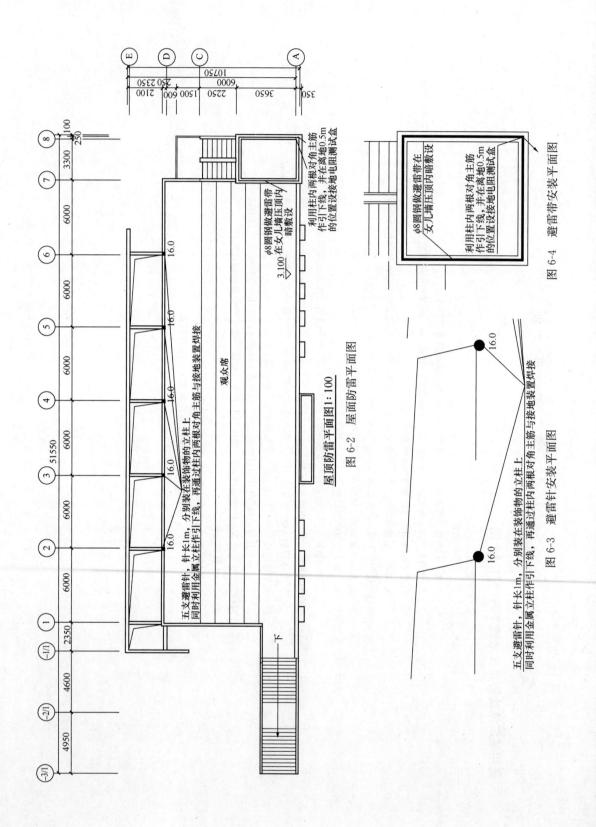

图 6-2　屋面防雷平面图

屋顶防雷平面图1：100

图 6-4　避雷带安装平面图

图 6-3　避雷针安装平面图

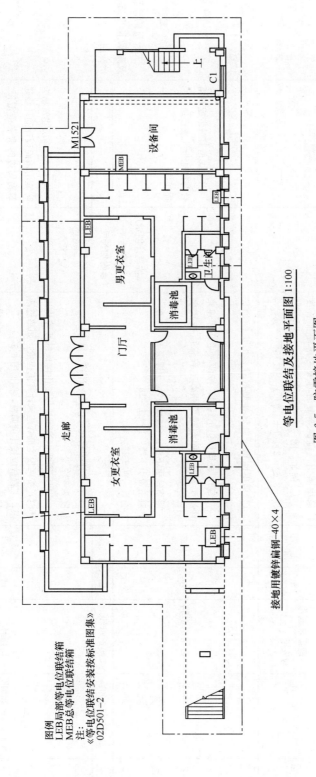

图例
LEB局部等电位联结箱
MEB总等电位联结箱
注：
《等电位联结安装按标准图集》
02D501-2

接地用镀锌扁钢—40×4

等电位联结及接地平面图 1:100

图 6-5　防雷接地平面图

（1）工程量计算方法及工程量计算举例

以图 6-1~图 6-5 为例，介绍防雷接地系统工程量计算方法，具体计算内容见表 6-3。

防雷接地分部分项工程量计算表

表 6-3

序号	项目编号	项目名称	计量单位	工程量	计算式(计算方法)	清单工程量计算规范	知识点	技能点
1	030409006001	避雷针制作与安装	根	5		按设计图示数量计算		工程量的计算以及附加长度 3.9% 的应用
2	030409005001	避雷带制作与安装	m	14.75	采用圆钢、扁钢等型钢时要考虑附加长度 3.9%。例如：图 6-4 中的避雷带工程量为：(3.5+3.6)×2×(1+3.9%)=14.75			
3	030409003001	避雷引下线	m	96	(1)采用圆钢、扁钢等型钢作引下线时要考虑附加长度 3.9%。(2)利用柱筋作引下线时，按两根主筋焊连来计算工程量，如超过两根，工程量应按比例调整。避雷针引下线：(16-1)×5+埋深 1×5=80 避雷带引下线：15+1=16 合计：80+16=96		引下线是避雷带或避雷针与接地母线或接地极的连接线	
4	030409002001	接地母线	m	175.59	(1)按设计图示尺寸以长度计算，另考虑附加长度 3.9%。(2)利用圈梁钢筋通长焊接作接地母线或均压环时，按两根主筋焊连来计算工程量，如超过两根，工程量应按比例调整，例如图 6-5。接地母线：(10.1+8.4+37+2.9+8.5+10.2+55.4+4.7+13+1.2+2.8+3.7+2.8+1.3+3.85+3.8×2)×(1+3.9%)=175.59	按设计图示尺寸以长度计算(含附加长度)		
5	030409004001	均压环	m	95.3	均压环：(39.65+8)×2=95.3		均压环是高层建筑物为防侧击雷而设计的环绕建筑物周边的水平避雷带；另外均压环可减小电位差、避免下线间的电位差、避免发生反击	

续表

序号	项目编号	项目名称	计量单位	工程量	计算式（计算方法）	清单工程量计算规范	知识点	技能点
6	030409008001	卫生间等电位	块	6	按卫生间数量计算	按设计图示数量计算	卫生间等电位 LEB，作为局部接地用	工程量的计算
7	030409008002	总等电位	块	1	按图示数量计算	按设计图示数量计算	总等电位端子箱 MEB，作为重复接地及引出 PE 线用	
8	030414011001	接地装置调试	系统	1	一栋楼按一个系统计算	按系统计算	接地装置调试主要工作是接地电阻测试	

(2) 工程量计算练习

选用图纸：某学院 5 号教学楼电气施工图纸。

实训要求：对 5 号教学楼的防雷接地系统进行清单列项和工程量计算，将结果填入表 6-4 中。

工程量计算表

表 6-4

序号	项目编号	项目名称	计量单位	工程量	工程量计算式

(3) 工程量计算练习参考答案（表6-5）

建筑防雷工程量计算式

表6-5

序号	项目名称	单位	工程量	计 算 式
1	利用基础梁内4根钢筋作接地母线	m	808	(67×4+17×8)×2(利用4根钢筋作接地母线时，工程量乘以2)
2	利用40×4镀锌扁钢作接地母线	m	3.12	1.5×2×(1+3.9%)(预留外甩连接板用)
3	利用结构柱内4根主筋作为引下线	m	398.4	12×(15.6+1)×2(利用4根钢筋作引下线时，工程量乘以2)
4	沿女儿墙明敷φ12镀锌圆钢避雷带	m	156.02	(25.24+1.5+3.7+1.5+4.75)×4×(1+3.9%)+1.7×2×(1+3.9%)
5	沿屋脊暗敷φ12镀锌圆钢作避雷带	m	172.68	(11.9×4+24.7×2+17.3×4)×(1+3.9%)
6	接地测试板	块	2	根据图纸设计要求计算
7	总等电位	块	1	总配电箱处安装
8	卫生间局部等电位	块	8	根据施工验收规范要求，每个卫生间均需安装
9	接地装置调试	系统	1	一栋建筑按一个系统计算

6.5 课 外 实 训

（1）施工图选用

某游泳池和某学院 5 号教学楼防雷接地施工图。

（2）实训要求

利用课外时间根据某学院 5 号教学楼电气平面图将其中的防雷接地系统进行清单列项和工程量计算，并将结果填入到工程量计算表中。

7 室内有线电视、电话及网络系统工程量计算

7.1 主 要 训 练 内 容

室内有线电视、电话及网络系统主要由入户线、接线箱、干线、支线及信息终端组成，工程量计算实训主要以管线工程量计算为主（表7-1）。

表 7-1

训练能力	主要训练内容	选用施工图
1. 分项工程项目列项 2. 管线清单工程量计算	1. 接线箱工程量计算 2. 电气配管工程量计算 3. 同轴电视电缆、电话电缆工程量计算 4. 电话线、网络线工程量计算 5. 电视、电话及网络插座工程量计算	某学院 5 号教学楼弱电系统施工图

7.2 工程量计算规范（规则）

按照《通用安装工程工程量计算规范》GB 50856—2013 中计算规则计算。

7.3 清 单 列 项

室内有线电视、电话及网络系统列项常用的清单项目见表7-2，具体见《通用安装工程工程量计算规范》GB 50856—2013 附录 D（电气设备安装工程）和附录 E（建筑智能化工程）相关内容。

室内有线电视、电话及网络系统工程清单项目表　　　　表 7-2

序号	项目编号	项目名称	计量单位
1	030502003	分线接线箱（盒）	台
2	030302004	电视、电话插座	个
3	030502012	信息插座	个
4	030411001	电气配管	m
5	030505005	射频同轴电缆	m
6	030502006	大对数电缆	m
7	030502005	双绞线缆	m
8	030502019	双绞线缆测试	点

7.4 室内有线电视、电话及网络系统工程量计算

7.4.1 有线电视工程量计算

（1）计算方法及工程量计算举例

以图 7-1～图 7-3 为例，介绍室内有线电视工程量计算方法，具体计算内容见表 7-3。

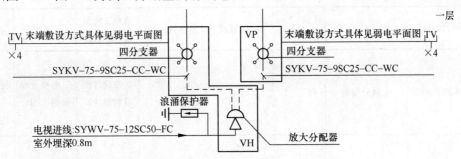

十二、线形标注

    －－－T－－－ 数据支线 1×4UTP CAT6 SC15－FC
    －－2T－－－ 数据支线 1×4UTP CAT6 SC20－FC
    －－3T－－－ 数据支线 1×4UTP CAT6 SC20－FC
    －－－V－－－ 电视支线 SYKV－75－5 SC15－CC
    －－2V－－－ 电视支线 SYKV－75－5 SC25－CC
    －－nF－－－ 电话支线 nHPV－2×0.5SC－FC

    n为电话对数，1~3根SC15，4~6根SC20

图 7-1 一层有线电视系统图

1	VH	电视前端箱	470×470×120	距地 2.5m 暗装	
2	VP	电视分支器箱	470×470×120	距地 2.5m 暗装	
3	Z	网络机柜	500×700×180	距地 0.5m 暗装	
4	F	电话箱	300×400×120	距地 0.5m 暗装	
5	TV	电视出线口	KG31VTV75	距顶 1.0m 暗装	
6	TO	网络出线口	KGC01	距地 0.5m 暗装	
7	TP	电话出线口	KGT01	距地 0.5m 暗装	

图 7-2 图例

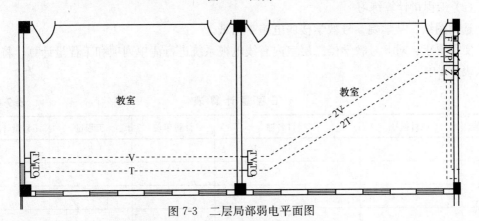

图 7-3 二层局部弱电平面图

    说明：本工程有线电视系统采用远地前端系统模式，信号分配采用分支方式。本工程仅为系统管线的预埋。前端设备及器件的型号规格，由承包商按规范要求配置并负责系统的调试和开通。干线选用 SYKV-75-9 同轴电缆穿钢管埋地，埋墙敷设；分支线均采用 SYKV-75-5 同轴电缆穿钢管埋楼板，埋墙敷设。

有线电视分部分项工程量计算表 　　表 7-3

序号	项目编号	项目名称	计量单位	工程量	计算式（计算方法）	清单工程量计算规范	知识点	技能点
1	030502003001	电视分线箱	台	1	1台	按设计图示数量计算	电视分线箱的识图	电视分线箱工程量的计算
2	030302004001	电视插座	个	2	2个	按设计图示数量计算	电视插座的识图	电视插座工程量的计算
3	030411001001	电气暗配管 SC25	m	12.5	2V：→10.6＋↑3.9－2.5－0.47＋1＝12.5	按设计图示尺度计算	管长＝水平长度＋垂直长度	配管长度计算
4	030411001002	电气暗配管 SC15	m	11.6	1V：→9.6＋↑1＋1＝11.6			
5	030505005001	管内穿同轴电视电缆 SYKV-75-5	m	39.8	［（→10.6＋↑3.9－2.5－0.47＋1）×2＋→9.6＋↑1＋1＋箱预留（0.47＋0.47）×2＋插座预留 0.15×2］×1.025＝39.8	按设计图示尺寸以长度计算	同轴电缆长度＝（导管长度＋预留长度）×1.025	同轴电缆长度计算

（2）工程量计算练习

选用图纸：某学院 5 号教学楼弱电施工图纸。

实训要求：对 5 号教学楼二层室内有线电视系统进行清单列项和工程量计算，将结果填入表 7-4 中。

工 程 量 计 算 表 　　表 7-4

序号	项目编号	项目名称	计量单位	工程量	工程量计算式

（3）工程量计算练习参考答案（表 7-5）

有线电视系统工程量计算表 表 7-5

序号	项目编号	项目名称	计量单位	工程量	工程量计算式
1	030502003001	电视分线箱	台	2	2 台
2	030302004001	暗装电视插座	个	6	6 个
3	030411001001	电气暗配管 SC25	m	30.79	2×SYKV-75-5： 二层：→10.6+10+4.4+↑（3.9-2.5-0.47）×3+1×3
4	030411001002	电气暗配管 SC15	m	34.8	SYKV-75-5： 二层：→9.6+9.6+9.6+↑1×2×3
5	030505005001	管内穿同轴电视电缆 SYKV-75-5	m	105.49	二层：（→10.6+10+4.4）+↑（3.9-2.5-0.47）×3+1×3+箱预留（0.47+0.47）×3）×2+→9.6+9.6+9.6+↑1×2×3+插座预留 0.15×6 合计：1.025

7.4.2 室内电话工程量计算

（1）计算方法及工程量计算举例

以图 7-4、图 7-5 为例，介绍室内电话工程量计算方法，具体计算内容见表 7-6。

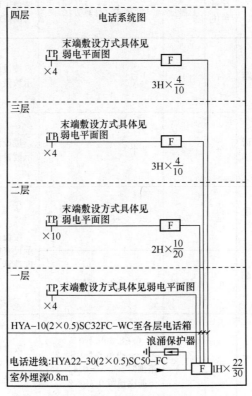

图 7-4 电话系统图

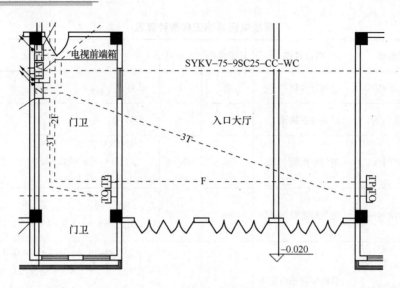

图 7-5　二层局部弱电平面图

说明：从图 7-2 可知电话箱的尺寸是 300×400×120（宽×高×厚），安装方式为底边距地 0.5m 暗装；电话插座的型号为 KGC01，距地 0.5m 暗装；1～3 根电话支线 HPV-2×0.5 穿 SC15 管，4～6 根电话支线 HPV-2×0.5 穿 SC20 管，敷设方式为沿地板暗敷设。

室内电话分部分项工程量计算表

表 7-6

序号	项目编号	项目名称	计量单位	工程量	计算式（计算方法）	清单工程量计算规范	知识点	技能点
1	030502003001	电话分线箱	台	1	1 台	按设计图示数量计算	电话分线箱的识图	电话分线箱工程量的计算
2	030302004001	暗装电话插座	个	2	2 个	按设计图示数量计算	电话插座的识图	电话插座工程量的计算
3	030411001001	电气暗配管 SC20	m	9.5	2F：→8.5＋↑0.5×2	按设计图示尺寸以长度计算	管长＝水平长度＋垂直长度	1. 清单列项 2. 工程量计算
4	030411001002	电气暗配管 SC15	m	10.6	1F：→9.6＋↑0.5×2			
5	030502005001	管内穿电话线 HPV-2×0.5	m	31.3	（→8.5＋↑0.5×2）×2＋→9.6＋↑0.5×2＋箱预留（0.3＋0.4）×2＋插座预留 0.15×2	按设计图示尺寸以长度计算	电话线长度＝（导管长度＋预留长度）×导线根数	1. 清单列项 2. 工程量计算

（2）工程量计算练习

选用图纸：某学院 5 号教学楼弱电施工图。

实训要求：对 5 号教学楼二层室内电话系统清单列项和工程量计算，将结果填入表 7-7 中。

工程量计算表 表 7-7

序号	项目编号	项目名称	计量单位	工程量	工程量计算式

（3）工程量计算练习参考答案（表 7-8）

室内电话工程量计算表 表 7-8

序号	项目编码	项目名称	计量单位	工程量	工程量计算式
1	030502003001	电话分线箱	台	1	1 台
2	030302004001	暗装电话插座	个	10	10 个
3	030411001001	电气暗配管 SC20	m	33.9	（4~6）×HPV-2×0.5： 二层（4×HPV-2×0.5）：→12.7+9.4+↑0.5×4 二层（5×HPV-2×0.5）：→0.2 二层（6×HPV-2×0.5）：→8.6+↑0.5×2
4	030411001002	电气暗配管 SC15	m	40.4	（1~3）HPV-2×0.5： 二层（3×HPV-2×0.5）：→9.8+0.2+↑0.5×2 二层（2×HPV-2×0.5）：→13+3.6+↑0.5×4 二层（1×HPV-2×0.5）：→0.2+9.6+↑0.5×2
5	030502005001	管内穿电话线 HPV-2×0.5	m	196.5	二层：（→8.6+↑0.5×2）×6+（→0.2）×5+（→12.7+9.4+↑0.5×4）×4+（→9.8+0.2+↑0.5×2）×3+（→13+3.6+↑0.5×4）×2+→0.2+9.6+↑0.5×2+箱预留（0.3+0.4）×10+插座预留 0.15×10

7.4.3 室内网络工程量计算

（1）计算方法及工程量计算举例。以图 7-6、图 7-7 为例，介绍室内网络工程量计算方法，具体计算内容见表 7-9。

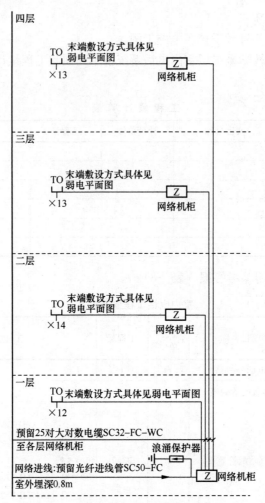

图 7-6　网络系统图

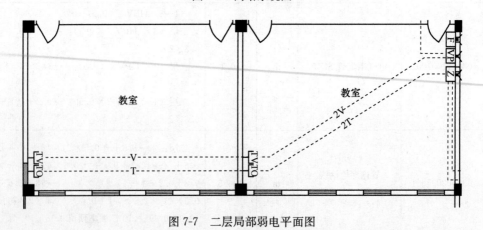

图 7-7　二层局部弱电平面图

说明：从图 7-2 可以知道电话箱的尺寸是 300×400×120（宽×高×厚），安装方式为底边距地 0.5m 暗装；电话插座的型号为 KGC01，距地 0.5m 暗装；1～3 根电话支线 HPV-2×0.5 穿 SC15 管，4～6 根电话支线 HPV-2×0.5 穿 SC20 管，敷设方式为沿地板暗敷设。

室内网络分部分项工程量计算表　　　　　　　　表 7-9

序号	项目编号	项目名称	计量单位	工程量	计算式（计算方法）	清单工程量计算规范	知识点	技能点
1	030502003001	网络分线箱	台	1	1 台	按设计图示数量计算	网络分线箱识图	网络分线箱工程量的计算
2	030502012001	暗装网络插座	个	2	2 个	按设计图示数量计算	网络插座识图	网络插座工程量的计算
3	030411001001	电气暗配管 SC20	m	11.6	2T：→10.6＋↑0.5×2	按设计图示尺寸以长度计算	管长＝水平长度＋垂直长度	1. 清单列项 2. 工程量计算
4	030411001002	电气暗配管 SC15	m	10.6	1T：→9.6＋↑0.5×2			
5	030502006001	管内穿六类 4 对非屏蔽双绞线	m	36.5	（→10.6＋↑0.5×2）×2＋→9.6＋↑0.5×2＋箱预留（0.5＋0.7）×2＋插座预留 0.15×2	按设计图示尺寸以长度计算	网络线长度＝（导管长度＋预留长度）×导线根数	1. 清单列项 2. 工程量计算

（2）课堂实训

选用图纸：某学院 5 号教学楼弱电施工图纸。

实训要求：对 5 号教学楼二层室内网络系统进行清单列项和工程量计算，将结果填入表 7-10 中。

工程量计算表

表 7-10

序号	项目编号	项目名称	计量单位	工程量	工程量计算式

（3）工程量练习参考答案（表 7-11）

室内网络工程量计算表

表 7-11

序号	项目编码	项目名称	计量单位	工程量	工程量计算式
1	030502003001	网络分线箱	台	1	
2	030502012001	暗装网络插座	个	14	
3	030411001001	电气暗配管 SC20	m	114.3	二层（3 根双绞线）：→12.7+26.8+↑0.5×2×2 二层（2 根双绞线）：→10.4+18.8+7.8+17.8+13+↑0.5×2×5
4	030411001002	电气暗配管 SC15	m	37	二层（1 根双绞线）：→9.6+3.6+0.2+9.6+0.2+0.2+↑0.5×2×4
5	030502005001	管内穿六类 4 对非屏蔽双绞线	m	326	二层：（→12.7+26.8+↑0.5×2×2）×3+（→10.4+18.8+7.8+17.8+13+↑0.5×2×5）×2+（→9.6+3.6+0.2+9.6+0.2+0.2+↑0.5×2×4+箱预留（0.5+0.7）×14+插座预留 0.15×14

7.5　课外实训项目

（1）施工图选用

某学院 5 号教学楼弱电施工图纸。

（2）实训要求

对 5 号教学楼三层室内有线电视、电话、网络系统进行清单列项和工程量计算。

8 动力配电系统工程量计算

8.1 主要训练内容

动力系统常见的有风机、水泵、排污泵等，动力配电系统工程量计算主要以管线、电缆工程量计算为主（表 8-1）。

表 8-1

训练能力	主要训练内容	选用施工图
1. 分项工程项目列项 2. 管线清单工程量计算	1. 风机配电工程量计算 2. 水泵配电工程量计算 3. 排污泵配电工程量计算	某工程地下室动力配电施工图

8.2 工程量计算规范（规则）

按照《通用安装工程工程量计算规范》GB 50856—2013 中计算规则计算。

8.3 清单列项

动力配电系统列项常用的清单项目见表 8-2，具体见《通用安装工程工程量计算规范》GB 50856—2013 附录 D（电气设备安装工程）相关内容。

动力配电工程清单项目表 表 8-2

序号	项目编号	项目名称	计量单位
1	030404017	配电箱安装	台
2	030411003	电缆桥架	m
3	030411001	电缆保护管	m
4	030411001	电气配管	m
5	030408001	电力电缆敷设	m
6	030411004	电气配线	m
7	030408006	电力电缆头制作安装	个
8	030406006	低压交流异步电动机检查接线	台

8.4　动力配电系统工程量计算

8.4.1　风机配电工程量计算

（1）计算方法及工程量计算举例

以图 8-1、图 8-2 为例，介绍风机配电列项及工程量计算方法，具体计算内容见表 8-3。

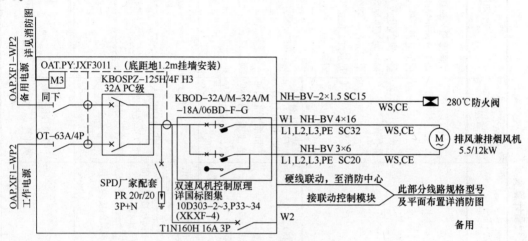

图 8-1　排烟风机配电系统图

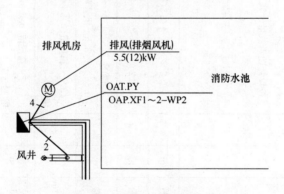

图 8-2　排烟风机配电平面图

图 8-2 为排烟风机平面布置图，共两个回路：一个回路为风机供电，另外一个回路为防火阀供电。注意：根据系统图可知为风机供电的回路由两组线组成，一组线为 NH-BV 4×16，穿 SC32 钢管暗敷；另一组线为 NH-BV 3×6，穿 SC20 钢管暗敷。

（2）工程量计算说明

1）排烟风机配电箱的尺寸按 0.5m（宽）×0.8m（高）×0.3m（厚）考虑，风管安装顶高为 3m，地下室层高为 4.2m。

2）计算范围：从排烟风机控制箱出线开始计算。

8.4.2　水泵配电工程量计算

以图 8-3～图 8-6 为例，介绍水泵配电工程量计算方法，具体计算内容见表 8-4。

风机配电分部分项工程量计算表

表 8-3

序号	项目编号	项目名称	计量单位	工程量	计算式（计算方法）	清单工程量计算规范	知识点	技能点
1	030404017001	排烟风机控制箱 OAT PY 挂墙安装	台	1	按设计图示数量计算	按设计图示数量计算	配电箱与控制箱的区别：可按箱子里面元气件来区分。配电箱内的电器元件一般都是塑壳断路器、空气开关，隔离开关之类的，元气件种类少；控制箱内的电器元件一般会有交流接触器、指示灯、按钮等，元气件种类相对多一些	
2	030411001001	电气配管 SC32 暗敷	m	3.7	↓1.2＋―2＋↑0.5（风机高）	按设计图示尺寸以长度计算，不扣除管路中间接线盒、灯头盒、开关盒所占长度		
3	030411001002	电气配管 SC20 暗敷	m	3.7	↓1.2＋―2＋↑0.5（风机高）			
4	030411001003	电气配管 SC15 暗敷	m	4.7	↑（梁底 3.5－1.2－0.8 箱高）＋―2.7＋↓0.5（梁底 3.5－风管高 3）			
5	030411004001	管内穿线 NH-BV-16	m	24	(3.7＋箱预留(0.5＋0.8)＋风机接线盒预留 1)×4	按设计图示尺寸以单线长度计算（含预留长度）		
6	030411004002	管内穿线 NH-BV-6	m	18	(3.7＋箱预留(0.5＋0.8)＋风机接线盒预留 1)×3			
7	030411004003	管内穿线 NH-BV-2.5	m	14	(4.7＋箱预留(0.5＋0.8)＋风阀接线盒预留 1)×2			
8	030406006001	低压交流异步电动机检查接线 13kW 以内	台	1		按设计图示数量计算		
9	030404031001	防火阀检查接线	个	1				

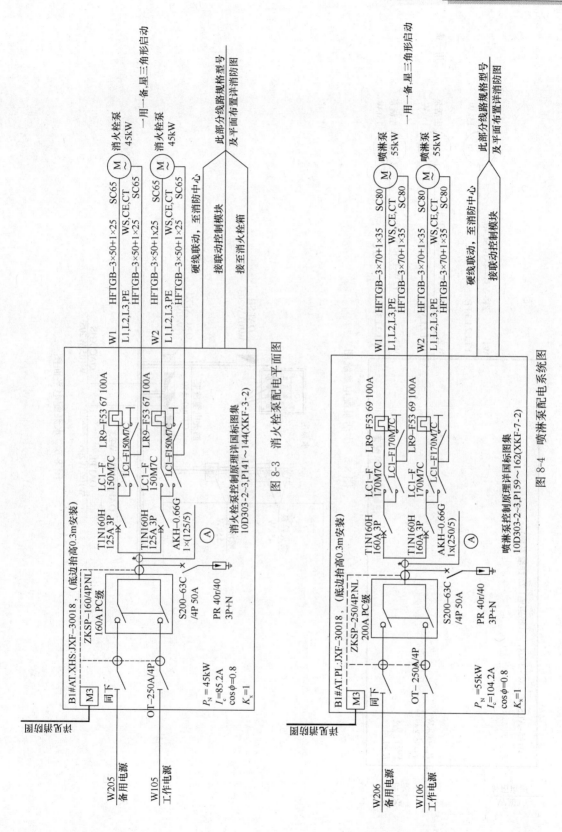

图 8-3 消火栓泵配电平面图

图 8-4 喷淋泵配电系统图

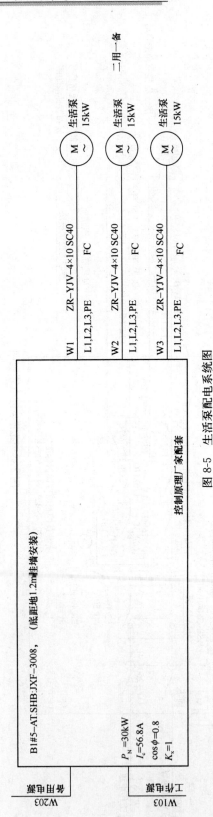

图 8-5　生活泵配电系统图

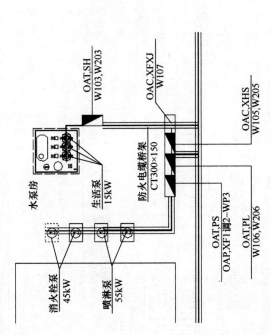

图 8-6　水泵配电平面图

水泵配电分部分项工程量计算表

表 8-4

序号	项目编号	项目名称	计量单位	工程量	计算式（计算方法）	清单工程量计算规范	知识点	技能点
1	030404017001	消火栓泵控制柜 XHS 落地安装	台	1	按设计图示数量计算	按设计图示数量计算		
2	030404017002	喷淋泵控制柜 PL 落地安装	台	1				
3	030404017003	生活泵控制柜 SHB 落地安装	台	1				
4	030411003001	电缆桥架 300×150	m	12.5	→4.8+6.3+↓(3-2-0.3)×2=12.5		电缆桥架分为槽式、托盘式或梯级式	
5	030411001001	电缆保护管 SC80 明敷	m	8	↓(桥架高 3m—电机接线盒高 1m)×4			
6	030411001002	电缆保护管 SC65 明敷	m	8	↓(桥架高 3m—电机接线盒高 1m)×4	按设计图示尺寸长度计算		
7	030411001003	电缆保护管 SC40 明敷	m	11.69	生活泵 1: ↓0.4+→1.43+0.62+↑1=3.45 生活泵 2: ↓0.4+→1.43+1.1+↑1=3.93 生活泵 3: ↓0.4+→1.43+1.48+↑1=4.31			
8	030408001001	电力电缆敷设 HFT-GB 3×70+1×35	m	49.41	喷淋泵 1: [↑(3-2-0.3)+→3.2+2.2+↓2+预留(2.8+0.5)]×2×1.025=23.37 喷淋泵 2: [↑(3-2-0.3)+→3.2+3.5+↓2+预留(2.8+0.5)]×2×1.025=26.04	按设计图示尺寸以单线长度计算（含预留长度及附加长度）	HFTGB—柔性合成矿物绝缘电力电缆	

续表

序号	项目编号	项目名称	计量单位	工程量	计算式(计算方法)	清单工程量计算规范	知识点	技能点
9	03040800 1002	电力电缆敷设 HFT-GB 3×50+1×25	m	63.96	消火栓泵1:[↑(3-2-0.3)+→4.2+4.8+↓2+预留(2.8+0.5)]×2×1.025=30.75 消火栓泵2:[↑(3-2-0.3)+→4.2+6+↓2+预留(2.8+0.5)]×2×1.025=33.21	按设计图示尺寸以单线长度计算(含预留长度及附加长度)	HFTGB—柔性合成矿物绝缘电力电缆	
10	03040800 1003	电力电缆敷设 ZR-YJV 4×10	m	22.13	生活泵1:(3.45+预留(2.8+0.5))×1.025=6.92 生活泵2:(3.93+预留(2.8+0.5))×1.025=7.41 生活泵3:(4.31+预留(2.8+0.5))×1.025=7.8		ZR-YJV—阻燃交联聚乙烯绝缘电缆	
11	03040800 6001	电力电缆头制作安装 3×70+1×35	个	8	一根电缆有两个终端头	按设计图示数量计算		
12	03040800 6002	电力电缆头制作安装 3×50+1×25	个	8				
13	03040600 6001	低压交流异步电动机检查接线 30kW 以内	台	3	按设计图示数量计算	按设计图示数量计算		
14	03040600 6002	低压交流异步电动机检查接线 100kW 以内	台	4				

8.4.3 排污泵配电工程量计算

（1）计算方法及工程量计算举例

以图 8-7～图 8-9 为例，介绍排污泵工程量计算方法，具体计算内容见表 8-5。

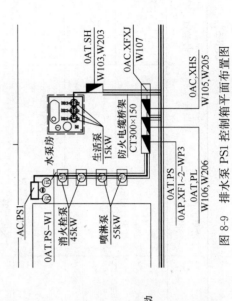

图 8-9 排水泵 PS1 控制箱平面布置图

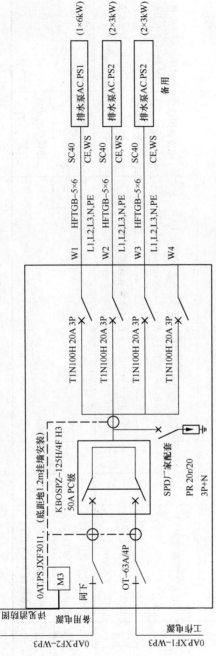

图 8-7 0AT.PS 排水泵配电系统图

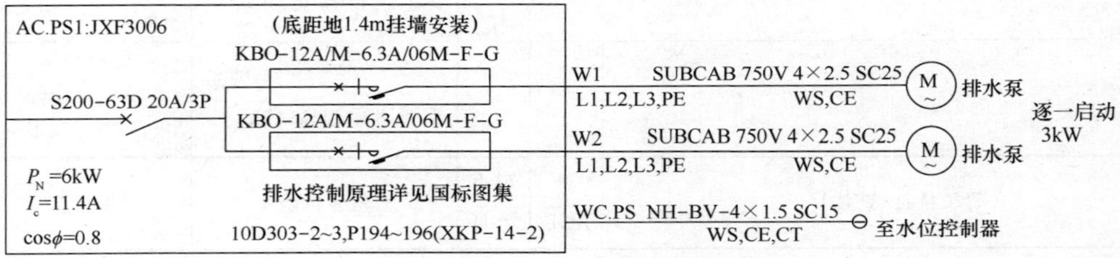

图 8-8 排水泵 PS1 控制箱系统图

排污泵配电分部分项工程量计算表

表 8-5

序号	项目编号	项目名称	计量单位	工程量	计算式(计算方法)	清单工程量计算规范	知识点	技能点
1	030404017001	0AT. PS 配电柜挂墙安装	台	1		按设计图示数量计算		
2	030404017002	排污泵控制箱 PS1 挂墙安装	台	1		按设计图示数量计算		
3	030411001001	电缆保护管 SC40 明敷	m	3.1	→1.4+0.9+↓(3-1.4-箱高0.8)=3.1	按设计图示尺寸长度计算		
4	030411001002	电缆保护管 SC25 明敷	m	7.6	[↓1.4+→0.9+↓1.5(泵安装深度)]×2=7.6			
5	030408001001	电力电缆敷设 HFT-GB 5×6	m	15.27	[↑(3-1.2-0.8)+→2.3+7.8+0.9+↓(3-1.4-箱高0.8)+预留(1.3+0.8)]×1.025=15.27	按设计图示尺寸以单线长度计算(含预留长度及附加长度)	HFTGB—柔性合成矿物绝缘电力电缆	
6	030408001002	电力电缆敷设 SUB-CAB 4×2.5	m	10.46	[↓1.4+→0.9+↓1.5(泵安装深度)+预留(0.8+0.5)]×2×1.025=10.46		SUBCAB—水泵用防水电缆	
7	030406006001	低压交流异步电动机检查接线 3kW 以内	台	6		按设计图示数量计算		
8	030406006002	低压交流异步电动机检查接线 13kW 以内	台	1		按设计图示数量计算		

(2) 动力配电工程量计算练习

根据某工程地下动力工程局部平面图，将动力配电系统中桥架、管线、设备检查接线等内容进行清单列项和工程量计算，将结果填入表8-6中。

表 8-6

工程量计算表

序号	项目编号	项目名称	计量单位	工程量	工程量计算式

（3）工程量计算练习参考答案（表 8-7）

表 8-7

动力配电工程量计算表

序号	项目编码	项目名称	计量单位	工程量	工程量计算式
1	030404017001	消火栓泵控制柜 XHS 落地安装	台	1	
2	030404017002	喷淋泵控制柜 PL 落地安装	台	1	
3	030404017003	生活泵控制柜 SHB 落地安装	台	1	
4	030404017004	0AT.PS 配电柜挂墙安装	台	1	
5	030404017005	排污泵控制箱 PS1 挂墙安装	台	1	
6	030404017006	排烟风机控制箱 0AT PY 挂墙安装	台	1	
7	030411003001	电缆桥架 300×150	m	68.3	动力配电干线： →35.5+3.5+2.5+1.3×3+5.2+0.7=51.3 ↓→排烟风机(3－1.2－0.5)+↓喷淋(3－2－0.3)+↓消火栓(3－2－0.3)+↓生活(3－2 －0.3)+↓加压风机(3－1.4－0.5)=4.5 消防控制柜至消防泵：→4.8+6.3+↓(3－2－0.3)×2=12.5
8	030411001001	电缆保护管 SC80 明敷	m	8	喷淋泵：↓（桥架高 3m—电机接线盒高 1m）×4
9	030411001002	电缆保护管 SC65 明敷	m	8	消火栓泵：↓（桥架高 3m—电机接线盒高 1m）×4

续表

序号	项目编码	项目名称	计量单位	工程量	工程量计算式
10	030411001003	电缆保护管 SC40 明敷	m	17.1	生活泵1：↓1.2+→1.4+0.6+↑1=4.2 生活泵2：↓1.2+→1.4+1.1+↑1=4.7 生活泵3：↓1.2+→1.4+1.5+↑1=5.1 排污泵：→1.4+0.9+↓(3−箱底边高1.4−箱高0.8)=3.1
11	030411001004	钢管 SC32 暗敷	m	3.7	风机：↓1.2+→2+↑0.5(风机高)
12	030411001005	电缆保护管 SC25 明敷	m	7.6	排污泵：[↓1.4+→0.9+↓1.5(泵安装深度)]×2=7.6
13	030411001006	钢管 SC20 暗敷	m	3.7	风机：↓1.2+→2+↑0.5(风机高)
14	030411001007	钢管 SC15 暗敷	m	4.7	防火阀：↑(梁底3.5−1.2−0.8箱高)+→2.7+↓0.5(梁底3.5−风管高3)
15	030408001001	电力电缆敷设 HFTGB 3×70+1×35	m	89.39	喷淋泵1：[↑(3−2−0.3)+→3.2+2+↓2+预留(2.8+0.5)]×2×1.025=23.37 喷淋泵2：[↑(3−2−0.3)+→3.2+3.5+↓2+预留(2.8+0.5)]×2×1.025=26.04 喷淋泵电源 W106/W206：(→14.6+1.4+↓0.7+预留2.8)×2×1.025=39.98
16	030408001002	电力电缆敷设 HFTGB 3×50+1×25	m	63.96	消火栓泵1：[↑(3−2−0.3)+→4.2+4.8+↓2+预留(2.8+0.5)]×2×1.025=30.75 消火栓泵2：[↓(3−2−0.3)+→4.2+6+↓2+预留(2.8+0.5)]×2×1.025=33.21 消火栓泵电源 W105/W205：(→13.5+1.4+↓0.7+预留2.8)×2×1.025=37.72
17	030408001003	电力电缆敷设 HFTGB 3×16+2×10	m	90.41	风机电源 W104/W204： (→35.5+3.5+2.5+↓1.3+预留1.3)×2×1.025=90.41
18	030408001004	电力电缆敷设 ZR-YJV 5×16	m	41.82	生活泵电源 W103/W203： (→12.8+5.3+↓1+预留1.3)×2×1.025=41.82
19	030408001005	电力电缆敷设 ZR-YJV 4×10	m	19.88	生活泵1：[4.2+预留(1.3+0.5)]×1.025=6.15 生活泵2：[4.7+预留(1.3+0.5)]×1.025=6.66 生活泵3：[5.1+预留(1.3+0.5)]×1.025=7.07
20	030408001006	电力电缆敷设 HFTGB 5×6	m	15.27	排污泵电源：↑(3−1.2−0.8)+→2.3+7.8+↓0.9+(3−箱底边高1.4−箱高0.8)+预留(1.3+0.8)×1.025=15.27

续表

序号	项目编码	项目名称	计量单位	工程量	工程量计算式
21	030408001007	电力电缆敷设 SUBCAB 4×2.5	m	10.2	排污泵：[↓1.4+→0.9+↓1.5(泵安装深度)+预留(0.8+0.5)]×2×1.025=10.46
22	030411004001	管内穿线 NH-BV-16	m	24	风机：[3.7+箱预留(0.5+0.8)+风机接线盒预留1]×4
23	030411004002	管内穿线 NH-BV-6	m	18	风机：[3.7+箱预留(0.5+0.8)+风机接线盒预留1]×3
24	030411004003	管内穿线 NH-BV-2.5	m	14	防火阀：[4.7+箱预留(0.5+0.8)+风阀接线盒预留1]×2
25	030408006001	电力电缆头制作安装 3×70+1×35	个	12	
26	030408006002	电力电缆头制作安装 3×50+1×25	个	12	
27	030408006003	电力电缆头制作安装 3×16+2×10	个	4	
28	030408006004	电力电缆头制作安装 5×16	个	4	
29	030408006005	电力电缆头制作安装 4×10	个	6	
30	030408009001	防火隔板	m²	10.3	68.3×0.15=10.3
31	030408008001	防火堵洞	处	10	
32	030406006001	低压交流异步电动机检查接线 100kW以内	台	4	
33	030406006002	低压交流异步电动机检查接线 30kW以内	台	3	
33	030406006003	低压交流异步电动机检查接线 13kW以内	台	1	
34	030406006004	低压交流异步电动机检查接线 3kW以内	台	6	
35	030404031001	防火阀检查接线	个	1	

工程量计算说明：

（1）根据地下一层局部动力平面图，图中的桥架、电缆、配电箱（柜）等均按图全部计算。

（2）各种设备电源的供电电缆规格可从供配电系统图中查知。

8.5 课外实训项目

（1）施工图选用

某工程电气平面图。

（2）实训要求

根据某工程电气平面图，将动力配电系统中桥架、管线、设备检查接线等内容进行清单列项和工程量计算。

9 消防自动报警系统工程量计算

9.1 主要训练内容

火灾自动报警与消防联动控制系统主要由火灾探测器、火灾报警控制器、消防联动设备、消防广播机柜和直通对讲电话五大部分组成，工程量计算实训主要以管线工程量计算、设备和元器件识图工程量计算为主（表 9-1）。

表 9-1

训练能力	主要训练内容	选用施工图
消防自动报警系统工程量计算	1. 设备和元器件识图、列项与工程量计算 2. 管线识图、列项与工程量计算 3. 消防自动报警系统调试	以一栋三层楼（含地下一层）的消防自动报警系统作为案例讲解识图、列项与工程量计算

9.2 工程量计算规范（规则）

按照《通用安装工程工程量计算规范》GB 50856—2013 中计算规则计算。

9.3 消防自动报警系统清单项目

消防自动报警系统列项常用的清单项目见表 9-2，具体见《通用安装工程工程量计算规范》GB 50856—2013 附录 J.4（火灾自动报警系统）相关内容。

消防自动报警系统清单项目表   表 9-2

序号	项目编号	项 目 名 称	计量单位
1	030904001	点型探测器	个
2	030904002	线型探测器	m
3	030904003	按钮	
4	030904004	消防警铃	个
5	030904005	声光报警器	

续表

序号	项目编号	项　目　名　称	计量单位
6	030904006	消防报警电话插孔（电话）	个（部）
7	030904007	消防广播（扬声器）	个
8	030904008	模块（模块箱）	个（台）
9	030904009	区域报警控制箱	
10	030904010	联动控制箱	
11	030904011	远程控制箱（柜）	
12	030904012	火灾报警系统控制主机	台
13	030904013	联动控制主机	
14	030904014	消防广播及对讲电话主机（柜）	
15	030904015	火灾报警控制微机（CRT）	
16	030904016	备用电源及电池主机（柜）	套
17	030904017	报警联动一体机	台

9.4　课　堂　实　训

以一栋三层楼（含地下一层）的消防自动报警系统施工图为例（图 9-1～图 9-5）。

（1）工程量计算方法及工程量计算举例

以图 9-1～图 9-5 为例，讲解消防自动报警系统工程量计算的方法，具体工程量计算见表 9-3～表 9-5。

1）设备和元件清单列项与工程量计算

设备及元器件列项及工程量计算见表 9-3。

2）管线清单列项与工程量计算

本项目以 NH-KVV-750V-3×1.5、ZR-RVS-250V-2×1.5、NH-BV-750-2.5NY 为例，管线工程量见表 9-4。

3）系统调试清单列项与工程量计算

本工程系统调试清单列项与工程量计算见表 9-5。

（2）工程量计算练习

根据图 9-1～图 9-5，以 NH-KVV-750V-2×2.5、ZR-RVVP-250V-2×1.5 为例，将工程量填入表 9-6。

（3）工程量计算练习参考答案

本项目以 NH-KVV-750V-2×2.5、ZR-RVVP-250V-2×1.5 为例，工程量计算见表 9-7、表 9-8 所示。

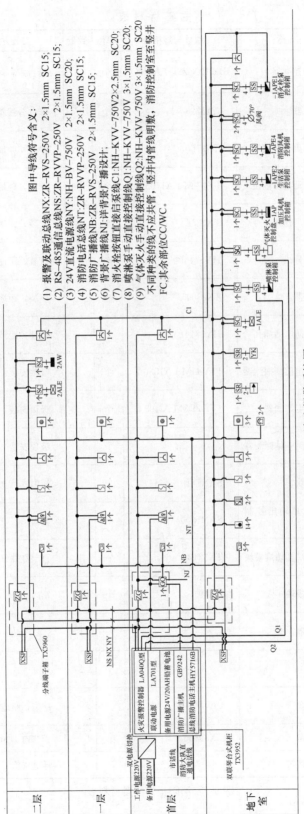

图 9-1 消防报警系统图

主 要 材 料 表

序号	图例	名　　称	型号与规格	单位	数量	安装方式	备　注
1		火灾报警控制器	JB-Q100GZ2L-LA040Q	个	1	琴台式，落地安装	参照"泰和安"产品
2	ZG	总线隔离器	LA1726	个		竖井分线箱内	按现场实际数量
3		编码型消火栓按钮	TX3150	个		壁装，距地 1.5m	按现场实际数量
4		编码型手动报警按钮	J-SJP-M-LA1705	个		壁装，距地 1.5m	按现场实际数量
5		壁装式扬声器箱	TX3354	个		壁装，距地 2.5m	按现场实际数量
6		消防电话分机	HY5716B	个		壁装，距地 1.5m	按现场实际数量
7		声光报警器	TX3300	个		壁装，距地 2.5m	按现场实际数量
8		总线制消防电话插孔	HY5714B	个		壁装，距地 1.5m	按现场实际数量
9		编码型光电感烟探测器	JTY-GM-LA1550	个		吸顶安装	按现场实际数量
10		编码型感温探测器	JTY-ZDM-LA1400	个		吸顶安装	按现场实际数量
11		感烟、感温一体探测器		个		吸顶安装	按现场实际数量
12	SR	单输入模块	SAN1710	个		箱内或墙上	按现场实际数量
13	SC	单输入，单输出控制模块	SAN1800	个		箱内	按现场实际数量
14	GQ	总线消防广播切换模块	TX3213	个	1	首层竖井分线箱内	
15	SS	启停转换模块	LA1915	个	6	箱内	
16	→	水流指示器			1		
17	YK	压力开关			1		
18	XSP	火灾显示盘	LA400			壁装，距地 2.5m	
19		分线端子箱	TX3960			竖井内 1.5m 明装	
20		双电源切换箱				详电气施工图	

图 9-2 消防报警主要材料表

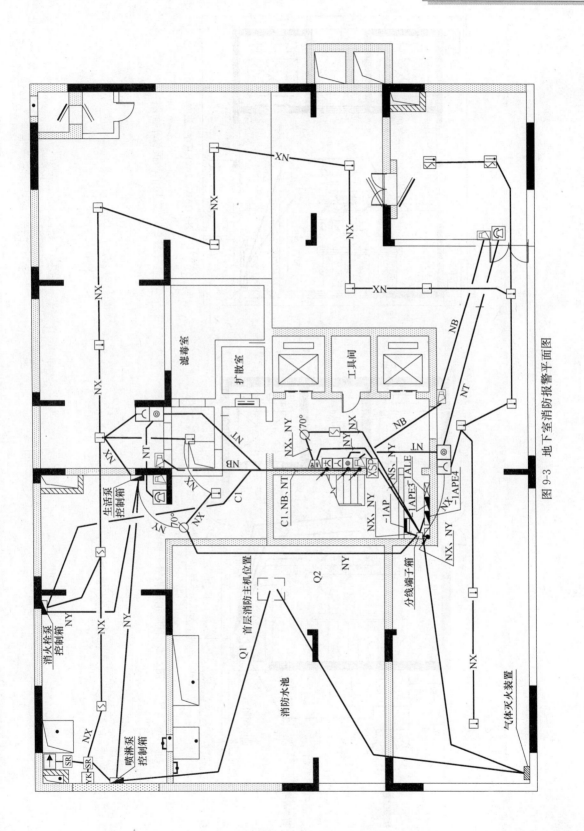

图 9-3　地下室消防报警平面图

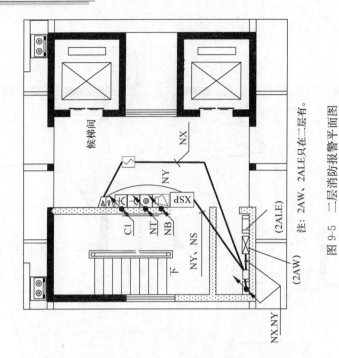

图 9-5　二层消防报警平面图

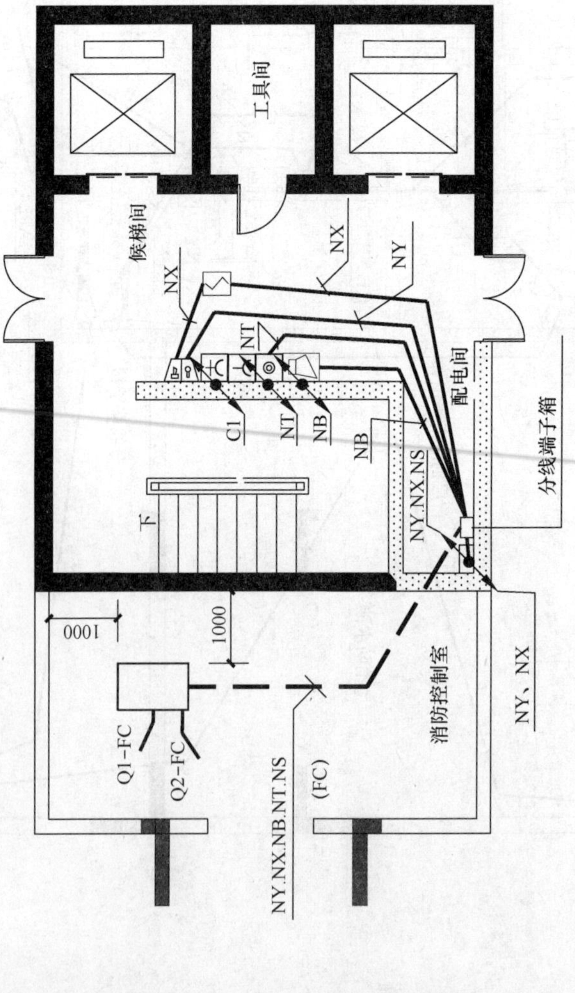

注：2AW、2ALE只在二层有。

图 9-4　首层消防报警平面图

表 9-3

设备及元器件工程量计算表

序号	清单编码	项目名称及描述	计量单位	工程量	计算式（计算方法）	清单工程量计算规范	知识点	技能点
1	03090404017001	火灾报警联动一体机、零台式、含机柜、电源 LA701、型号 JB-Q100GZZL-LA040Q	台	1			消防报警联动一体机安装是以成套装置编制的，包括了由厂家根据消防系统图成套配置的机柜，报警控制器，联动控制器，电源等设备	
2	03090416001	备用电源 24V/20AH 及电池柜	套	1				
3	03090414001	消防电话主机 HY5716B	台	1				
4	03090414002	消防广播主机 GB 9242	台	1				
5	03041105001	分线箱 TX3960	个	4	每层各 1			
6	03090408001	总线隔离器 LA1726	只	4	每层各 1			
7	03B001	火灾显示盘 LA400	台	3	一、二层、地下室各 1			
8	03090405001	声光报警器 TX3300	台	3	首、一、二层各 1			
9	03090401001	感烟探测器 JTY-GM-LA1550	只	7	首、一、二层各 1、地下 4	按设计图示数量计算		
10	03090401002	感温探测器 JTY-ZDM-LA1400	只	14	地下室		各种消防报警元器件的识图	消防报警元器件的工程量计算
11	03090401003	感烟感温一体探测器	只	2	地下室			
12	03090403001	手动报警按钮 J-SIP-M-LA1705	只	6	首、一、二层各 1、地下 3			
13	03090403002	消火栓启动按钮 TX3150	只	4	每层各 1			
14	03090406001	消防电话插孔 HY5714B	只	6	首、一、二层各 1、地下 3			
15	03090406002	消防电话分机 HY5716B	部	2	地下室			
16	03090407001	壁装式扬声器 TX3354	只	8	首、一、二层各 1、地下 5			
17	03090408002	消防广播切换模块 TX3213	只	1	首层		模块把开关信号转换成数字信号，并通过总线传送给报警控制器	
18	03090408003	单输入模块 SAN1710	只	2	水流指示器和压力开关			
19	03090408004	单输入单输出模块 SAN1800	只	11	二层 2、地下室 9			
20	03090408005	启停转换模块 LA1915	只	6	地下室			

管线工程量计算表

表9-4

序号	清单编码	项目名称及描述	计量单位	工程量	计算式(计算方法)	清单工程量计算规范	知识点	技能点
1	030411004001	管内配线 NH-KVV-750V-3×1.5	m	33.41	Q1: →10.74+↓(4.5−1.5)+1.5机留+0.3箱留=15.54 Q2: →13.07+↓(4.5−1.5)+1.5机留+0.3箱留=17.87			
2	030411004002	管内配线 ZR-RVS-250V-2×1.5	m	221.37	NB: 合计47.16 主机至分线箱: ↑1.5+↓4.70+1.5机留+0.3箱留 分线箱至墙: +↓(3.0−1.5)+(3.0−2.5)+→3.38+0.15箱留+0.3箱留 沿墙垂直敷设: ↓+(4.5−2.5)+3.0×2层+2.5+0.15盒留×2端+0.3盒留 地下至室: ↓+(4.5−2.5)×4根+→14.43+0.15盒留×2端×4段 NX: 合计174.21 主机至分线箱: ↑1.5+↓4.70+1.5机留+0.3箱留 竖井分线箱间: +↓3.0×2层+4.5+→0.5估×6+0.3箱留×2端×3段 首层: +↓(3.0−1.5)+(3.0−2.5)+→6.94+0.3箱留+0.15盒留×3 二层: ↓+2层×[(3.0−1.5)+(3.0−2.5)]+→6.76+0.3箱留+0.15盒留×3+0.8估+0.15盒留×2箱留×2段 地下至室: ↓+(0.45−0.15)×6+(4.5−2.5)×4+→96.1+0.3箱留+0.15盒留×13+0.15盒留×56	按设计图示尺寸以长度计算	KVV—控制电缆；RVS—芯双绞软线；RVVP—屏蔽型塑料护套线；BV—塑料铜芯线	管线工程量计算方法
3	030411004003	管内配线 NH-BV-750-2.5	m	209.28	NY: 合计209.28 主机至分线箱: ↑1.5+↓4.70+1.5机留+0.3箱留 竖井分线箱间: +↓3.0×2层+4.5+→0.5估×6+0.3箱留×2端×3段 首层: +↓(3.0−1.5)+(3.0−2.5)+→6.51+0.3箱留+0.15盒留 一二层: ↓+2层×[(3.0−1.5)+(3.0−2.5)]+→5.04+0.3箱留+0.15盒留×3+0.8估+0.15盒留×2箱留×2段 地下至室: ↓+(0.45−0.15)×7+(4.5−2.5)×4+→35.3+0.3箱留+0.15盒留×15+2.0估+0.15盒留×6			
4	030411001001	KBG15 薄壁钢管混凝土内暗敷	m	322.12	将上述各种线扣除预留量后的汇总值			

表9-5

消防报警系统调试工程量表

序号	清单编码	项目名称及描述	计量单位	工程量	计算式（计算方法）	清单工程量计算规范	知识点	技能点
1	030905001001	自动报警系统调试，总线制130点	系统	1	1个系统	按系统计算		
2	030905002001	水灭火控制装置调试，包括水流指示器、压力开关和消火栓启动按钮	点	6	控制6个点	按控制装置的点数计算	消防报警系统识图	消防报警系统调试工程量计算
3	030905003001	防火控制装置调试，排烟阀70℃	个	2	2个点	按设计图示数量计算		
4	030905004001	气体灭火系统装置调试，90L，一个瓶头阀	点	1	1个瓶头阀	按调试、检验和验收所消耗的试验器总数量计算		

表9-6

消防报警系统分部分项工程量计算表

序号	项目编号	项目名称	计量单位	工程量	工程量计算式

管线工程量计算　　　　表9-7

管线规格	工程量(m)	计算式
NH-KVV-750V-2×2.5	30.85	C1：↓(4.5-1.5)×3段+3.0×2层+1.5+↑13.0 地下至+0.3箱留+0.15盒留×7
ZR-RVVP-250V-2×1.5	114.33	Σ=114.33
NT	74.28	主机至分线箱：↑1.5+↑4.70+1.5 机@+0.3箱留 分线箱垂直敷设：↓(3.0-1.5)+(3.0-2.5)+↓4.43+0.15盒留+0.3箱留 沿端垂直敷设：↓(4.5-1.5)+3.0×2层+1.5+0.15盒留+0.3箱留×2端×3段 地下至：↓(4.5-1.5)×8根+↑23.1+0.15盒留×2端×4段
NS	43.05	主机至分线箱：↑1.5+↑4.70+1.5 机留+0.3箱留 竖井分线箱间：↓3.0×2层+4.5+↓0.5佔×6+0.3箱留×2端×3段 分线箱至显示盘：↓(3.0-2.5+3.0-1.5)×2层+4.5-1.5+4.5-2.5+↑3.04×2层+3.32+0.3箱留×3+0.15盒留×3
KBG15 金属管	134.68	将上述各种线扣除预留量后的汇总值

管线工程量清单　　　　表9-8

清单编码	项目名称和描述	单位	工程量	备注
030411001002	KBG15 薄壁钢管混凝土内暗敷	m	135.43	
030411004004	管内配线 NH-KVV-750V-2×2.5	m	30.85	
030411004005	管内配线 ZR-RVVP-250V-2×1.5	m	114.33	

9.5 课 外 实 训

（1）施工图选用

某工程的消防自动报警系统施工图。

（2）实训要求

利用课外时间将某工程的消防自动报警系统内容进行清单列项和工程量计算，并将结果填入工程量计算表中。

第2篇 软件计算建筑水电安装工程量

10 软 件 概 述

《安装算量3DM》（后文简称《3DM》）是一套建筑安装工程量图形化计算软件，它以AutoCAD为平台，采用"虚拟施工"的方式进行三维建模，主要用于建设工程设计、施工、监理等单位的安装工程算量计算工作。

10.1 工 作 原 理

10.1.1 虚拟施工的建模

利用计算机进行安装工程量计算，是在计算机中采用"虚拟施工"的方式，建立精确的工程模型，称之为"预算图"，来进行安装工程量计算的。这个工程模型的平面图与设计部门提供的施工图相似，它不仅包含安装工程量计算所需的所有几何信息也包含管线、设备材料及施工做法，同时也包含安装工程中所涉及的规范、标准图集等所有信息。

在"预算图"中布置的管线、设备、附件等构件，其名称同样与安装专业一致。通过在计算机中对管线、设备、附件等构件准确布置和定位，使工程中所有的构件都具有精确的形体和尺寸。

对于管线、设备、附件上所附带的内容，如管道设备的保温防护，在软件中不需要布置，软件会通过使用者预先定义好的条件，自动进行计算并输出结果。

10.1.2 本课程的内容

本课程是按照软件常用功能模块进行叙述，虽然安装工程的专业内容很多，但安装工程基本是管线和设备布置，故学习者只要知道管线的布置方法，则所有专业的管线布置方式基本一样；另安装工程的设备基本都按台、套、件、组、个等为单位，所以计算规则相对较简单。

对于 Windows 和 AutoCAD 的基本操作，本课程不进行讲解。学习者应明白，3DM是构筑在 AutoCAD 平台上，而 AutoCAD 又是构筑在 Windows 平台上，因此用户使用的是 Windows＋AutoCAD＋3DM 来进行构件建模和计算。

10.2 专 业 配 合

工程造价的确定，主要的一项工作就是计算分部分项工程中构件的工程量。

用计算机进行工程量计算，不需要考虑高强度的用脑和重复性计算这些人工操作的复杂因素。在软件中将计算规则设置成什么样，软件就会以此为依据计算和判定出对应的结果。

我们知道，计算机的运行主要是数据的输入和输出，在输入输出中间有一个数据处理的过程，数据处理是计算机的主要工作，它是根据相关条件来判定和计算的。

对于不能自动判定的条件我们必须人为手工输入，手工输入的内容在软件中一般是直接在栏目单元格中输入对应的内容，分为文本格式和数值格式。输入方式分为两类，一类是任意输入内容，文本任意输入的内容一般不会作为判定的原条件，因为软件识别不了任意的文本数据，这种任意的文本输入只作为结果数据输出时的备注和说明，如清单的"项目特征"或定额的"换算信息"中就有一些是将任意输入内容直接输出的。另一类是数值格式输入，数值格式输入的内容可作为判定内容的原条件，因为数值数据，软件程序可以识别对应。对应的是选择输入，选择输入的内容一般在软件中固定好。对于输入数据条目不多，且不允许修改的内容，软件中就将输入内容固定下来，如工程设置中计算依据是用清单或定额就只能选择，这种选择我们称之为"单选"，单选项不能并列，只能是唯一；对于固定的内容一次需多选，如算量选项中的输出设置就是多选内容，可以对选中的构件指定要输出"材质、规格、连接方式"等多项内容。

为了减少建模工作量，在软件中大部分的条件我们都是依据手动输入条件和已有计算条件，让软件自动进行判定的。如软件中的自动套挂（清单或定额）做法，就是将手工输入的条件和构件经过软件分析后得出的条件，根据这些条件计算机会给构件计算出来的工程量套挂上相关的定额。如需给管道挂定额，软件会提取管道的材质、规格型号、公称直径、专业类型、分组编号，如果这些条件符合软件这条定额的内置条件，软件就会自动将定额套挂上。条件的获得有两种，一是在布置管道时对管道的材质、规格型号、公称直径、专业类型、分组编号由手工指定；二是对于管道的安装高度，则通过软件对管道上下构件的位置分析，自动得出管道的高度。

为了让输出的工程量符合安装工程专业要求，包括项目名称、单位、项目特征（换算信息）等，软件内置有一套输出机制。软件数据库中设置的相关内容见表 10-1。

软件内工程量输出与专业相关表格　　　　　　　　　　表 10-1

序号	表名称	内　容	作　用
1	工程量项目表	构件名称、属于什么材料结构、一般情况下输出哪些内容的工程量（管道长度、设备个数等）	用于归类一种名称构件的输出内容
2	属性分组表	分为物理属性、几何属性、施工性、计算属性、其他属性	将构件的五类属性归类，便于查询和编辑构件
3	计算规则表	构件名称、计算规则解释、规则列表、属于清单的计算规则还是定额的计算规则、规则值、阈值和参数值	用于记录各种名称的构件与其他构件的扣减关系和在什么条件时扣减、扣减多少
4	构件编辑表	构件名称、构件的位置预设、确定位置的顺序	用于记录构件在模型中的位置
5	构件类型表	构件名称	用于区分每类同名称构件类型，如灯具是一类构件的名称
6	措施分类表	措施项目名称、清单编码代号	用于自动归类工程项目中的吊装加固、脚手架搭拆等措施类算量内容

续表

序号	表名称	内　容	作　用
7	属性表	构件名称和 ID、代码、属性名称、属性值的数据类型、属性值所用单位、对于属性用途的说明、属于哪个属性分组、由什么方式得到这个属性、是否在软件中显示属性、其他内容	构件的属性在此表中统一管理，特别是表中的属性值由什么方式得到，如编号确定、布置确定、分析确定、手工录入等，关系到软件的自动判定能力
8	构件分组表	构件分类名称，是否在项目中使用选择	用于将构件归类电气系统、水系统、通风系统、供暖系统等类别，便于工程分类统计
9	项目信息表	项目名称、项目名称代码、定义单位、数据类型、可选择的项目、预设项目值、是否输出为清单的项目特征、输入或输出内容是否必须	用于管理构件的输入输出信息，此表中设置的内容如果是预设的项目值，则在软件界面的相关栏目中可以看到，可选择项在定义构件时用于可以在下拉列表中选择，是否必需的输入输出内容界定了此值在建模操作时是否必须定义，包括手动和自动
10	工程量输出及基本换算表	构件名称、属性名称、属性变量名称、属性表达式、属性类型、表达式	很重要的一张表，工程量输出不只是一个数据，对于计价来说，项目的换算与构件的材质、规格、连接方式、分组编号等内容均有关系。表中的属性表达式用于界定输出内容的归类，符合条件则输出为什么内容，大于、小于或等于等则输出为另外的内容

　　从表中看到，几乎所有内容均与我们专业理论课上学习的内容一致，也就是说学习者只要对安装专业的内容进行系统学习，对软件的掌握就不算困难。

　　表 10-1 序号 7 对于"属性值"的获取方式，是我们建模时要注意的内容，其中的"编号确定"，指的是在工程设置内和编号定义时就需要将相关信息定义好的；"布置确定"是指构件布置到界面中而得到的信息，如风管的长度，定义构件时我们只给出了风管的截宽和截高，其长度是布置到界面中得到的，就是光标在界面中画多长算多长；"分析确定"是指模型中的构件通过软件运行分析后得到的数据，如电缆遇到配电箱的预留长度，在模型未进行分析计算之前，布置的电缆是没有增加配电箱的预留长度的，只有通过分析计算后配电箱的预留长度才能计算到电缆中，所以软件中构件的扣减或增加内容属于分析得到的内容；"手工录入"是指直接在相关栏目中直接输入的属性值，而且此类属性值一般作为指定扣减或备注说明等内容，其他内容依此类推。

10.3　软　件　特　点

　　《3DM》软件集专业、易用、智能、可视化等优点于一体，主要特点如下：

　　（1）三维可视：三维模型超级仿真，多视图观察，三维状态下动态修改与核对。

　　（2）集成一体：共享安装模型数据，一图四用，快速、准确计算清单、定额、构件实物量和进度工程量。

（3）操作易用：系统功能高度集成，操作统一，流水性的工作流程。特别是与三维算量软件的操作除少许专业设置有差异外，其方式几乎一致，故课程中没有叙述到的地方，建议学习者可以结合三维算量操作介绍进行学习。

（4）系统智能：首创识别设计院 CAD 电子文档，加快建模速度。

（5）界面友好：全面采用 Windows XP 风格，使用方便、简洁，操作统一易上手。

（6）计算准确：根据各地计算规则，分析构件三维搭接关系，准确自动扣减。

（7）输出规范：报表设计灵活，提供全国各地常用报表格式，按需导出计价或 Excel 表格。

（8）专业性强：软件中的内容全部来自现行国家规范和标准，理论与实际结合，极大利于学习者学习，学习者可以利用软件建模操作验证理论知识中的难点。

11 软件操作方法

11.1 流　　程

使用《3DM》软件进行工程算量的流程大致分为以下几个步骤：

（1）工程设置，包含计量模式、楼层设置、工程特征和标书封面这四个内容的设置，是整个工程的纲领性设置工作。

（2）构件编号定义和识别工作，有电子图文档的可将电子图导入软件内开始进行识别建模，如果没有电子图文档，要进行手工录入构件的编号，所属系统等内容，同时要录入材料信息。

（3）构件布置工作，将定义好的构件布置到界面中，有电子图文档的在识别过程中已将构件识别布置到界面上了，这一步可省略。

（4）修改和编辑布置在界面上的构件，对不符合要求的构件进行修改，建模流程中这是关键的一步，因为往往布置和识别的构件不一定符合要求，需要修改，如位置、大小、形状等，使之符合要求。

（5）做法挂接，对构件进行定额挂接，当然这一步也可在编号定义时进行。

（6）进行工程量计算，得到工程量清单。

《3DM》软件的工作流程如图 11-1 所示。

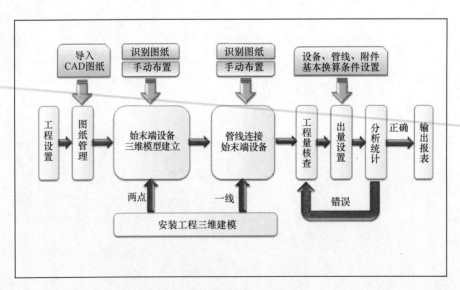

图 11-1　《3DM》软件使用流程

11.2　构件定义

11.2.1　菜单

《3DM》软件的菜单分为窗口菜单和屏幕菜单，窗口菜单居于屏幕顶部，标题栏的下方；屏幕菜单居于界面的左侧，为"折叠式"三级结构，如图11-2所示。

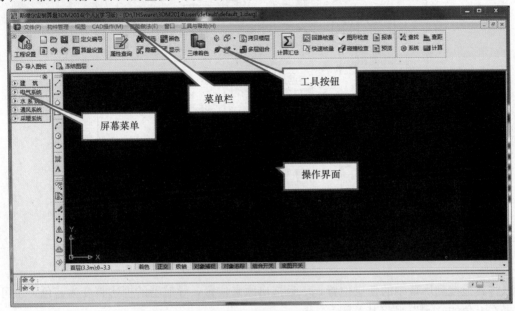

图 11-2　菜单介绍

单击屏幕菜单上的条目可以展开菜单下的功能选项（图11-3）。

执行另外一条菜单功能时，前期展开的菜单会自动合拢。菜单展开下的内容是真正可以执行任务的功能选项，大部分功能项前都有工具图标，以方便用户对各项功能的理解。

折叠式菜单效率高，但可能由于屏幕的空间有限，有些二级菜单无法完全展开，可以用鼠标滚轮滚动快速到位，也可以右击上一级菜单完全弹出。对于特定的工作，有些一级菜单很少使用或根本不用，可以右键点击屏幕菜单上部的空白位置来自定义配置屏幕菜单，设置一级菜单项的可见性。此外，系统还提供了若干个个性化的菜单配置，对《3DM》的菜单系统进行优化。

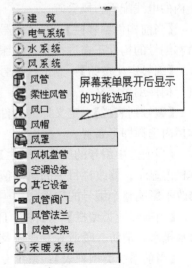

图 11-3　屏幕菜单展开

11.2.2　导航器

在菜单内选中一个执行功能，界面上会弹出一个导航对话框，俗称"导航器"。在这个对话框中可以看到同类构件的所有常规属性，也可以在这个对话框中对构件进行编号定义以及构件在布置时进行一些内容的指定修改（图11-4）。

导航器缺省是因为其紧靠在屏幕菜单的边缘，用户

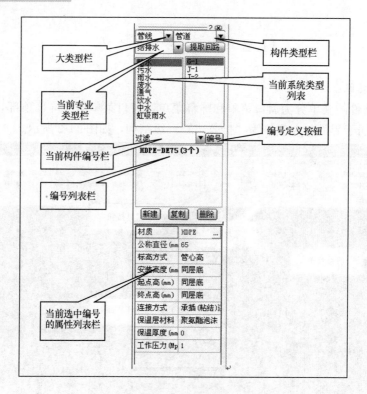

图 11-4　导航器

可以将其拖拽到屏幕中的任意位置，一旦拖出原来位置，导航器的框边将变为蓝色。也可点击右上角的"[x]"号将其关闭。

导航器内各栏目功能如下：

【大类型栏】：该栏中显示的是软件默认的几个大类型，有建筑、管线、设备、附件和其他五大类，在每个大类下有分别的构件类型对应。

【构件类型栏】：选中大类栏内的某个类后，在本栏内选择对应的构件类型，如管线大类内的电线配管、风管等。

【当前构件编号栏】：在"编号列表栏"内选中的构件编号，显示在本栏内，表示当前对本编号的构件正在进行布置或编辑。

【编号定义按钮】：点击〖编号〗按钮，会弹出"构件编号"定义对话框，在对话框中进行构件编号定义。

【编号列表栏】：定义好的构件编号在本栏目内罗列，需要布置什么编号的构件时，在本栏内选择即可布置。

【当前选中编号的属性列表栏】：选中一个构件编号后，选中编号可独立修改的属性在本栏内显示。修改栏目中的属性值，可对正在布置和选中的构件编号进行单独修改。这种修改不影响整个编号的构件。

【当前专业类型栏】：构件属于什么专业，在本栏内进行选择定义，如管道，就可能有给水排水、消防、暖通等专业涉及其中。

【当前系统类型列表】：系统专业下级内容列表栏，如给水排水专业的相关内容等。

导航器中三个按钮说明：

〖新建〗：新建一个构件编号；为了快速进行构件布置，用户可以不必进入"构件编号"定义对话框中对构件编号按部就班地进行定义，这里直接点击〖新建〗按钮，系统会自动在编号列表栏内创建一个新的构件编号，将这个编号的构件布置好之后再进行修改。

〖复制〗：在编号列表栏内，选择一个需要复制的构件编号，点击〖复制〗按钮，就会在列表栏内生成一个新的构件编号。这个新生成编号的全部属性值都是原构件编号的属性值，只是编号有变化，用户应该再次考察一下是否应该调整相关属性值。

〖删除〗：将构件编号列表栏内的某个不需要的编号"删除"。如果界面上已经布置了该编号的构件，对该编号将不能执行删除。

导航器的内容在建筑构件布置内若有不同，将在后面章节内叙述。

11.2.3　工程设置

将整个安装单位工程的纲领性内容在还没有建模之前进行工程设置，是因为这些内容可能每类构件或者大部分构件都用到，在这一环节进行统一设置会减少后面构件布置过程中多次反复进行定义，且减少出错的机率。

安装工程的工程设置基本同三维算量一样，包括计量模式、楼层设置、项目特征和标书封面四个内容。

11.2.4　构件编号定义

安装工程的构件编号定义，包括界面工具、属性页面和做法页面，读者可通过扫描本书封面的二维码观看部分软件操作视频，相关 CAD 图纸和软件操作说明可登录本教材版权页的对应链接下载。

练一练：

1. 如何定义一个规格型号为 1X22W 的天棚灯？
2. 如何根据当地定额挂接一条室内、给水管道 DN50 的做法？
3. 如何将镀锌管道-DN100 的编号从一层复制到上面的楼层中？

11.3　构　件　建　模

同三维算量一样，安装工程量计算建模也分为"dwg"格式图纸识别和手工布置两种方式，识别和布置又分为识别、布置管线和识别、布置设备，除此之外还有一类我们称之为附件的构件，如管道支吊架，此类构件在模型中不需要布置和识别，其生成方式是根据模型创建者设置的条件由软件自动生成。

11.3.1　管线、设备和附件的识别

当有".dwg"格式电子图文档时，用此功能将电子图转换为三维状态的管线、设备和附件，同时赋予构件满足造价计算换算的相关属性。

11.3.2　管线、设备和附件布置

没有".dwg"格式电子图文档时，利用手工在界面中创建管线、设备和附件。读者可通过扫描本书封面的二维码观看部分软件操作视频，相关 CAD 图纸和软件操作说明可登录本教材版权页的对应链接下载。

11.4　构　件　编　辑

布置的管线、设备和附件，可通过绘图完成，但不一定与设计意图一致，这时需要对相关构件进行编辑和修改，才能够计算出准确的工程量。构件的编辑我们分为单个修改和群体修改，分别叙述如下。

11.4.1　单个修改

构件的单个修改，是针对一类构件或同编号的构件中的某几个或单个构件的修改而言的。对于构件的修改，在进行软件操作时，我们会发现有时选择的构件是同类构件，但我们在"构件查询"中就不能修改对应的内容，这是由于有编号控制了这个属性。如管道类型中两个不同编号的两根管道，这时同属性值的内容可以修改，不同属性值的内容就要分开来进行单个构件修改。

对于单个构件，进行"单个修改"时，一般在"构件查询"中进行。

对于管线构件，由于管线有时是多线段的，而我们有时需要只调整其中的某些线段，这时必须将管线的成组开关断开才能对当中的某线段进行修改。

11.4.2　群体修改

群体修改是针对同一类构件和同编号构件而言，可以在编号定义中修改，也可以框选同类构件，统一在"构件查询"中修改，也可以在算量选项中对某类构件进行统一计算规则和输出进行新的定义。读者可通过扫描本书封面的二维码观看部分软件操作视频，相关CAD图纸和软件操作说明可登录本教材版权页的对应链接下载。

练一练：

1. 如何将喷淋头的安装高度从 2800mm 调整到 2600mm？
2. 如何增加管道的重量输出？

12 案　例

12.1　实　例　工　程　概　况

本工程为某学院新校区北门建筑，建筑面积 31.36m²。相关工程设计资料和图纸见本书附图部分。以下给出对安装工程量计算和组价有影响的说明。

12.1.1　电气工程方面

1. 强电部分

本工程设计包括红线内的以下电气系统：

（1）220/380V 配电系统、接地系统及安全措施。

（2）弱电系统：网络电话系统。

（3）照明配电：照明、插座由不同的支路供电；所有插座回路为安全型并设漏电断路器保护。所有灯具均为节能型灯具，所用荧光灯及镇流器为节能型。

（4）设置配电箱一台，底边距地 1.4m 嵌墙暗装。

（5）电动伸缩门由自动伸缩门生产厂家配套提供，本工程仅作预留电源。

（6）除注明外，开关、插座分别距地 1.4m、0.3m 暗装。所有插座均为二加三安全型插座。

（7）本工程自动起落杠控制箱以及接线盒随自动起落杠成套供应。

（8）电源进线由上一级配电开关确定，本设计预留进线套管，导线选型只作参考。进线电缆采用 YJV22-1kV（工作温度为 90 度），铠装交联电缆，穿管引入室内。

（9）照明线路选用 BV-450V 聚氯乙烯绝缘铜芯导线，穿 SC 管埋地、墙暗敷。

（10）接地极优先利用建筑物基础钢筋，实测不满足要求时，增设人工接地极。

（11）本工程采用总等电位联结，总等电位板由紫铜板制成，应将建筑物内保护干线、设备进线总管等进行联结，总等电位联结线采用镀锌扁钢，总等电位联结均应采用等电位卡子，禁止在金属管道上焊接。具体做法参见国标图集 02D501-2《等电位联结安装》。

（12）过电压保护：在电源总配电柜内装第一级电涌保护器（SPD）。

2. 弱电部分

（1）数据网线及电话线由校区弱电机房埋地引来。

（2）计算机插座选用 RJ45 六类型，与网线匹配，底边距地 0.3m 暗装；电话插座底边距地 0.3m。

（3）数据网线及电话线选用 RVS-2（2×0.5），穿 SC20 管。管线均沿墙暗敷。

（4）凡与施工有关而未说明之处，参照国标图集 05D8《建筑标准设计图集—通用电气设备》施工，或与设计院协商解决。

12.1.2　给水排水工程方面

1. 给水系统：按图布置管线设备即可。

2. 中水系统：按图布置管线设备即可。

3. 排水系统

（1）屋面雨水为外设落水管，详见建筑施工图。

（2）其余按图布置管线设备即可。

4. 消防系统：门房按中危险级 A 类火灾配置 2A 手提式干粉（磷酸铵盐）灭火器，3kg 装 2 具/点。灭火器应设置在位置明显和便于取用的地点，且不影响安全疏散。灭火器不得设置在超出其使用温度范围的地点。具体位置见水施图纸。

5. 其他

（1）给水管道及中水管道采用 S4 系列 PPR 管，热熔连接。管材和管件允许工作压力为 0.6MPa。生活给水管道必须采用与管材相适应的管件，并应具备质量检验部门产品合格证和卫生部门的认证文件。

（2）室内排水管道采用优质排水 PVC-U 管材，粘结。

（3）地漏的安装应平正、牢固。低于排水表面，周边无渗漏。应优先选择具有防涸功能的地漏，严禁采用钟罩（扣碗）式带水封的地漏及水封深度小于 50mm 的地漏。当构造内无存水弯的卫生器具与生活污水管道或其他可能产生有害气体的排水管道连接时，必须在排水口以下设存水弯。存水弯的水封深度均不得小于 50mm。严禁采用活动机械密封代替水封。地面清扫口采用铜制品，清扫口表面与地面平。

（4）公共场所及绿化的中水取水口应设带锁装置。

（5）中水池（箱）内的自来水补水管应采取自来水防污措施，补水管出水口应高于中水贮存池（箱）内溢流水位，其间距不得小于 2.5 倍管径。严禁采用淹没式浮球阀补水。

（6）给水管道及中水管道在暖沟内敷设，以 $i=0.003$ 的坡度敷设；排水管道坡度为 $De<110$，$i=0.026$。

（7）给水、中水及排水管穿基础时洞口采用柔性材料封堵，安装见 05S1《给水排水标准图集》。

（8）洗脸盆采用背挂式，水龙头采用自闭式水龙头，存水弯水封深度不得小于 50mm，洁具和配件应符合国家现行标准《节水型生活用水器具》CJ/T 164—2014 的有关要求。

（9）该工程地质属Ⅰ级非自重湿陷性黄土地质。根据规范，本工程为丙类建筑，在室内采取结构措施和基本防水措施，具体做法详见结构施工图。设于室外建筑 4m。范围内给水排水管道皆设于 B1 型砖壁、防水混凝土槽型底板检漏管沟内，管沟尺寸 600×600，沟底以 0.02 的坡度通向检漏井，沟底标高比相应管道标高低 0.1~0.15m。

管沟做法详见结施图集 02G04《管沟及盖板》。

（10）管道安装完毕给水系统以 0.6MPa 的压力做水压试验、排水系统做灌水、通排水试验，皆以不渗不漏为合格标准。

（11）生活给水管道应在系统运行前必须用水冲洗并消毒，要求以系统最大设计流量或不小于 1.5m/s 的流速进行冲洗，并取得当地防疫检测部门检测合格方可使用。

（12）图中所注尺寸，标高以"米"计，其余均以"毫米"计，管道标高：给水管道指管中心，排水管道指管内底。

（13）除本设计说明外，还应遵守《建筑给水排水及采暖工程施工质量验收规范》GB 50242—2002 的相关规定。

12.1.3 暖通工程方面

1. 暖通系统节能设计

（1）每个分集水器均须安装保护罩；分集水器每个环路均设置手动流量调节阀，以达到分室调节。

（2）采暖供回水管道应设保温层，保温材料采用离心玻璃棉管壳，管径＜$DN50$，保温厚度为 50mm。保温层外设玻璃丝布保护层，做法见 05S8《管道及设备防腐保温》图集。

（3）立管在每层引出供、回水支管至各分集水器。

（4）室内加热盘管选用 PE-XC（耐热交联聚乙烯），室内埋地管管径为 $De20×2.0$。

（5）安装加热盘管时，应保持平直，其间距的安装误差不应大于 10mm，管道的弯曲半径不宜小于 6 倍管外径，加热盘管弯头两端宜设置固定卡，加热盘管固定点的间距宜为 0.5～0.7m，弯曲管段固定点间距宜为 0.3m。

（6）在分集水器附近及其他局部加热盘管排列比较密集的部位，当管道间距小于 100mm 时，加热盘管外部应采取柔性套管等措施，管道安装密集区域管道上方应加装隔热板隔热。

（7）加热盘管出地面至分集水器连接处，弯管部分不宜露出地面装饰层，加热盘管出地面至分集水器下部球阀接口之间的明装管段，外部应加装塑料套管，套管应高出装饰面 150～200mm。

（8）加热盘管的环路布置不宜穿越填充层内的伸缩缝，必须穿越时，伸缩缝处应设长度不小于 200mm 的柔性套管，埋于填充层内的加热盘管不应有接头。

2. 设计图纸中，计量单位均采用国际单位制，长度、厚度、距离以毫米为单位，标高以米为单位。

3. 室内埋地采暖管道采用 PE-XC 管（耐热交联聚乙烯），PE-XC 管应符合地板辐射供暖技术规程附录 B 的要求，达到使用条件级别 4 级。埋地采暖管道需满足工作压力 0.8MPa，使用温度为 55℃条件下，使用年限为 50 年。其余采暖管道采用热镀锌钢管，以公称直径标注。

4. 所有管道安装前应仔细清除管道内外表面的锈质，污物及铁屑，阀门附件安装前应进行清洗，经试压合格后方可安装。

5. 施工图中未注明的阀门，按以下规定选用：

（1）采暖系统管道上的阀门为 DN＜50mm 采用截止阀或闸阀。

（2）放水，放气管及压力表接管上的阀门为旋塞阀，共用立管最高点及最低点的排气，泄水管径均为 $DN20$。

（3）采暖入口装置中粗过滤器为 20 目，细过滤器为 60 目，分集水器前过滤器为 60 目。

6. 采暖管道连接

（1）热镀锌钢管 DN＜80 采用螺纹连接；DN＞80 采用法兰连接，采暖管道转弯处要用撅弯，其半径不得小于管道公称直径的四倍；采暖管道穿墙楼板时应加套管，套管应比管道外径大 6~8mm，套管穿墙时与墙饰面平，安装在楼板内的套管，其顶部应高出地面 20mm，安装在卫生间及厨房内的套管，其顶部应高出装饰面 50mm，底部与楼板底面相平；管道接口不得设在套管内，套管与管道之间的缝隙用防火材料封堵，镀锌钢管套丝扣时破坏的镀锌层表面及外露螺纹部分的防腐处理。

（2）塑料管与钢管连接采用卡套式专用管件连接，连接件本体为锻造黄铜。

（3）系统试压合格后，应对管道进行全面冲洗并清扫过滤器，系统冲洗完毕应冲水、加热，进行试运行和调试。

（4）加热盘管下部的绝热板采用聚苯乙烯泡沫塑料，导热系数应<0.041（W/m^2·K），表观密度应>20kg/m，吸水率应$<4\%$。

7. 管道、设备、容器的涂漆，如设计无特殊要求应符合下列规定：

（1）明装的支架，阀门等涂防锈漆一遍，白瓷漆两遍。

（2）暗装的设备，容器等涂防锈漆两遍。

8. 为达到建筑节能可调节的要求，本建筑热力入口采用带热量表的入口装置，安装详见热力入口大样图，采暖管道穿越建筑物外墙处设刚性防水套管，作法详见 05N1《建筑标准设计图集》。

9. 建筑入口热表选用超声波流量计，按设计流量的 80% 选择。

其他说明：

1. 采暖供，回水管道横管坡度不小于 0.003。

2. 图中圆形风管及水管标高均为中心标高，矩形风管标高均为管底标高。

3. 采暖管沟为 1m 宽，1m 长，1.2m 深。

12.2 实 例 工 程 分 析

12.2.1 电气工程

在电气系统中需要计算的内容有：配电箱、电线管、电缆、电线、网络布线、电视布线、电话布线、开关、插座、灯具和其他器件等。

12.2.2 给水排水工程

在给水排水系统中需要计算的内容有：给水管道、排水管道、水表、管道阀门、洁具和其他器件等。

12.2.3 采暖工程

在采暖系统中需要计算的内容有：地热盘管、供水管、回水管、分水器、集水器以及阀门、仪表、温度计等。

12.3 新 建 工 程 项 目

12.3.1 新建工程

点击桌面上的快捷软件图标 THS-3DM2014，打开软件（图 12-1）。

软件启动后，选取推荐使用的 AutoCAD 平台，点击〖确定〗按钮后，进入软件界

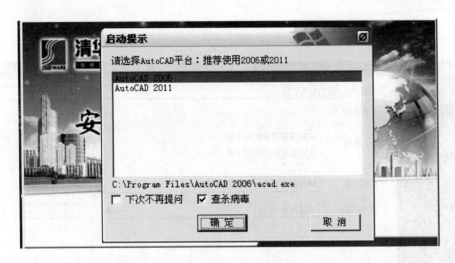

图 12-1　启动软件界面

面，弹出工程向导对话框，点击"新建工程"后弹出以下对话框（图 12-2）。

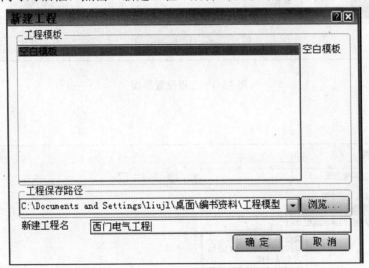

图 12-2　新建工程界面

点击〖确定〗按钮后，弹出"工程设置"对话框（图 12-3）。

在此对话框中，设置相应的计算依据、楼层信息、工程特征、标书封面等，具体见本教材可供下载内容中，软件操作手册中"工程设置"介绍。点击〖完成〗按钮后进入软件操作界面。

点击界面中的"导入图纸"命令，弹出对话框（图 12-4）。

选取"dwg"文件后，点击〖打开〗按钮。图纸就导入到操作界面中（图 12-5）。点击"分解图纸"命令将电子图进行分解，就能正常对图纸进行识别建模了。

以上操作电气、给水排水、采暖专业通用。

12.3.2　建筑模型导入

图 12-6 所示为已插入界面的模型。

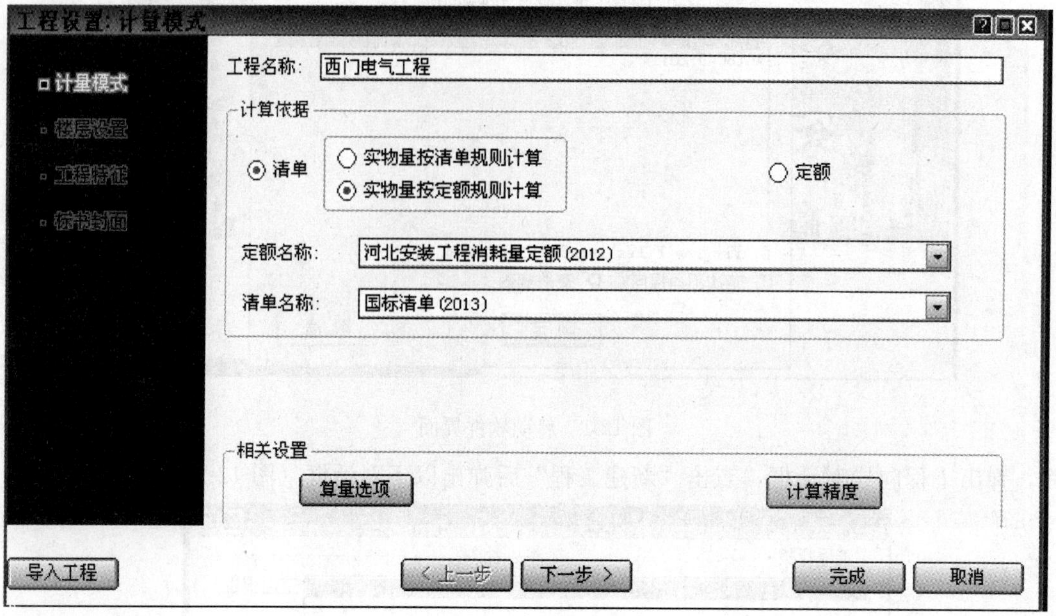

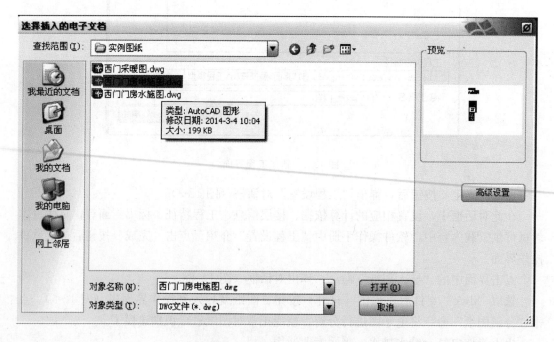

图 12-3　工程设置界面

图 12-4　选择插入电子图界面

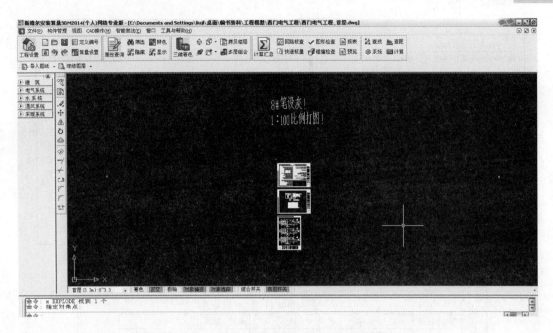

图 12-5　界面中插入的电子图

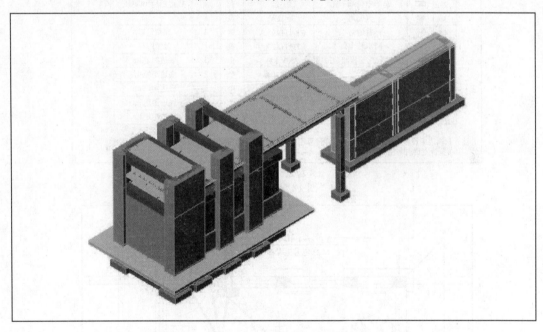

图 12-6　界面中插入的建筑模型

12.4　电气（强、弱电）系统

下面以五张图纸为例（图 12-7～图 12-11）。

12.4.1　设备建模

单个设备的识别或布置参考本章第 2 节中的构件建模，这里介绍一种快速建模的方

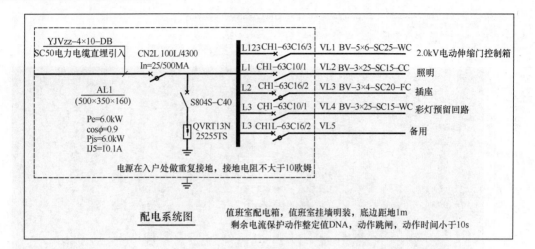

图 12-7　照明系统图

材料表

序号	图例	名称	规格	单位	数量	备注
1		照明配电箱		台	1	见系统图
2		总等电位端子箱		台	1	底边距5m明装
3		天棚灯	1×22W	盏	1	
4	⊗	普通灯	E27灯口250V	盏	2	预留灯口
5	⊛	防水防尘灯	E27灯口250V	盏	1	预留灯口
6		安全型二、三极暗装插座	250V 10A	个	3	底边距3m
7	♂	开关	250V 10A	个	2	底边距4m
8	♂2	双联单控开关	250V 10A	个	1	底边距4m
9		电话插座		个	1	底边距3m
10		信息出线口		个	1	底边距3m

注：材料表中设备数量仅供参考，具体详预算箱体尺寸仅为参考不作为定货依据，具体尺寸及面板
　　布置待定货时与生产厂家协商。

图 12-8　材料表

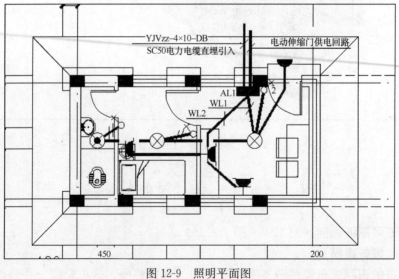

图 12-9　照明平面图

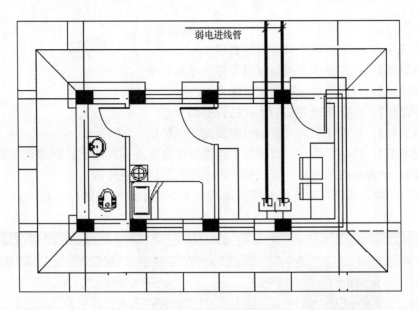

图 12-10　弱电平面图

图 12-11　总等电位联结平面图

法——识别材料表。

第一步：执行"识别材料表"命令后，弹出对话框（图 12-12）。

图 12-12　识别材料表对话框

对话框中含如下选项：

【提取表格】：提取界面上设备材料表格。

【提取单列】：提取界面上设备材料表格中单列信息。

【导入编号】：导入上次保存的设备编号。

【保存编号】：保存识别表格后生成的设备编号。

【复制编号】：将本楼层的设备编号复制到其他楼层。

【检查遗漏】：将材料表中没有或与工程图纸中存在差异的图例，提取到对话框中。

【设置】：设置提取的图例与要识别工程中图例的匹配条件等。

第二步："提取表格"后，光标变为选择状态，选取底图中的设备材料表。弹出对话框如图 12-13 所示。

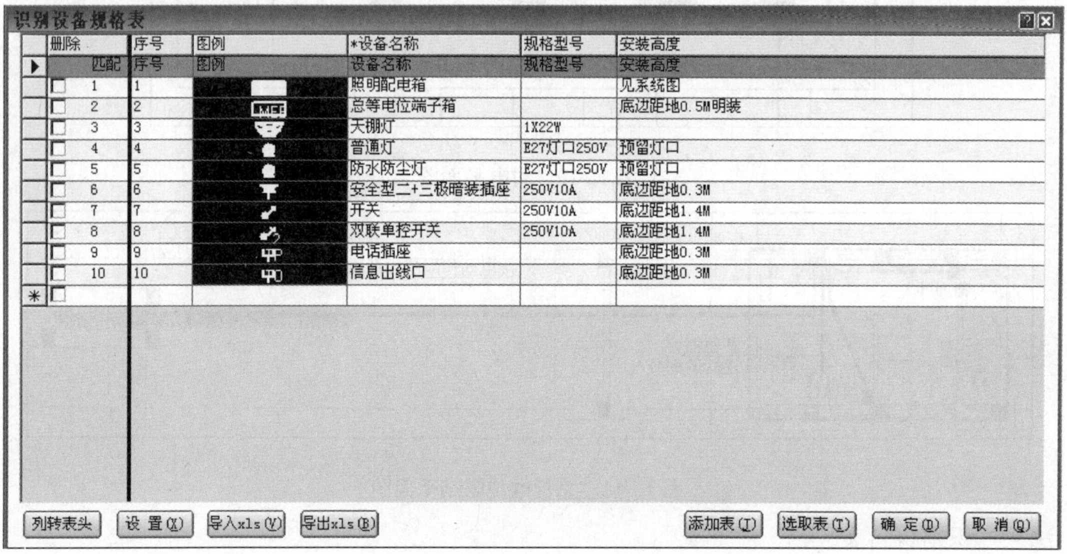

图 12-13　识别设备规格表

在此对话框中编辑相应的信息后点击〖确定〗按钮，"识别材料表对话框"（图 12-14）。

第三步：点击〖转换〗后，光标变为选择状态，同时命令栏提示："请选择需要识别的范围"框选范围后，相应的设备将识别出来。

12.4.2　线缆建模

线缆的识别或布置参考本章第 2 节中的构件建模。这里介绍一种快速获取线缆编号的方法——读系统图。

读系统图，首先导入一张电气的系统图（具体操作见导入设计），执行命令后弹出系统编号的识别对话框（图 12-15）。

对话框有如下选项：

光标点击图上表示配电箱编号的文字后点击鼠标右键确认，在对话框的主箱编号列下就会显示选择到的主箱编号。如果要选取多个主箱文字，可以将鼠标放在第一个主箱文字后面，双击鼠标左键，再到底图上选取其他主箱文字，其他单元格内的数据也可以这样多选。

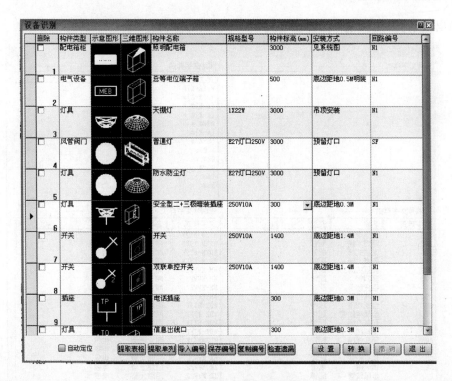

图 12-14　识别材料表对话框

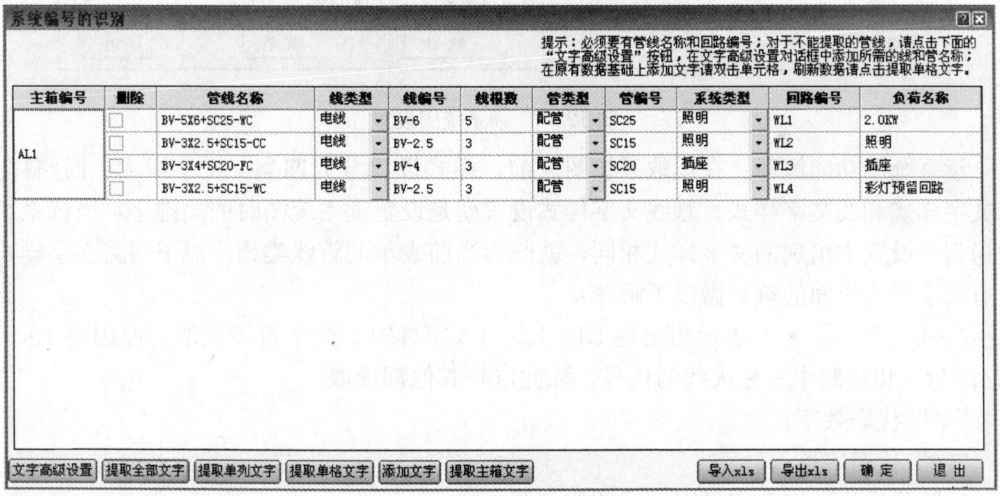

图 12-15　系统编号的识别对话框

〖提取全部文字〗用于选取需要识别的系统图上所有文字。

〖提取单列文字〗用于选取表示上图对应的列表内容的文字。

〖提取单格文字〗用于选取表示上图某单元格内容的文字。

〖提取主箱文字〗用于选取主箱编号文字。

〖添加文字〗用于当已经选取系统图回路后，再增加其他系统回路，生成的回路信息并列出现。

〖文字高级设置〗用于设置识别配管配线、回路编号关键字的文字样式，点击该按钮后，弹出读系统图设置框（图 12-16）。

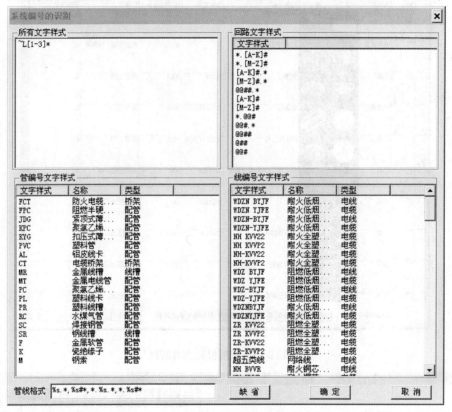

图 12-16 读系统图设置

读系统图功能解释：在读取系统图之前，样式设置分为四类：文字样式、回路样式、管文字样式和线文字样式。管线文字样式设置就是设置读系统图时的关键字，当读系统图中遇到与设置中出现的文字样式相同，就归为当前表示的管线类型。对于回路文字样式和所有文字样式里面的符号做以下解释：

"～L［1－3］＊"表示当出现 L1、L2、L3 字样时，此字符不读取，原因是 L1、L2和 L3 为三相线制中三相火线的代号，除此以外其他都读取。

"＃"代表数字；

"@"代表字母；

"."代表除数字和字母以外的其他字符；

［A－K］表示按照字母表从 A 到 K 的所有字母。

表中每一类文字样式都可以进行新增设置，新增时在需要新增的类别下面的框中点击鼠标右键，选择增加，在新的一行中录入关键字符即可。

接下来进行下面的操作，点击〖提取全部文字〗按钮，命令栏提示："请选择两列或三列文字"。

到图形上框选表示该主箱下的回路编号的所有文字（图 12-17）。

框选完毕之后右键退出，此时出现图 12-15 的界面，点击〖确定〗按钮退出读系统图命令。接下来执行识别系统命令，其操作参考管线的识别或布置说明。

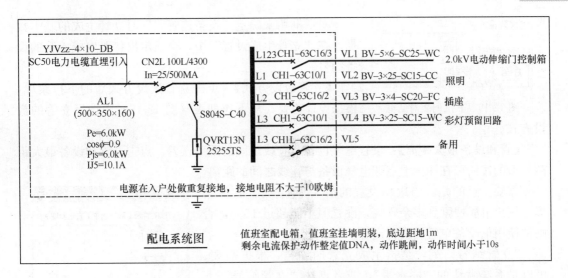

图 12-17　读取系统图

12.4.3　设备连管线功能介绍

第一步：执行命令。

第二步：选择要与管线相连的设备，点击鼠标右键确定。

第三步：选择电气管线，右键确定，弹出下图 12-18 所示对话框。

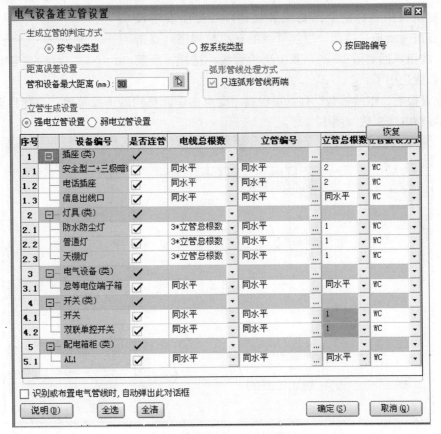

图 12-18　设备连管线对话框

图 12-19　下拉列表对话框

对话框用来确定"设备连管线"时立管生成的基本数据。在"立管生成设置"中，会显示出将要生成立管的设备编号。

【立管敷设方式】：点击立管敷设方式后的下拉菜单，根据设计需要，从下拉列表（图 12-19）中选择立管的敷设方式。

【管和设备最大距离】：设置电气设备与管线之间的距离误差。点击〖管和设备最大距离〗后的按钮可在图面上点选电气设备与管线之间的距离。

需要注意的是：当用户设置的值大于 80 时，软件会提示用户可能搜索到多余管线，设置值不能超过 1000，否则请使用单设备单管线进行连管。

"立管编号"列，是指生成立管的编号，根据需要，可以是系统默认的"同水平"，或者点选"立管编号"下的按钮，出现"选择立管编号"对话框（图 12-20）。

可从已有配管编号中选择一个编号，也可新建编号。单击鼠标左键选中"配管"或者"线槽"，点击右键出现〖新建编号〗，鼠标左键点击〖新建编号〗弹出"材质表"对话框（图 12-21）。

在材质表中选择需要的材质和规格，若材质表中没有，可点击〖增加〗按钮，增加管线的材质与规格。点击〖确定〗按钮，回到图 12-20，双击选中管线，这样，所需立管编号就选中了。

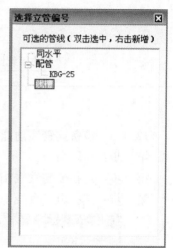

图 12-20　选择立管编号对话框

"立管根数、电线根数"列：可根据需要点击单元格内的下拉菜单，选择自动生成立管的根数和电线根数（图 12-22）。

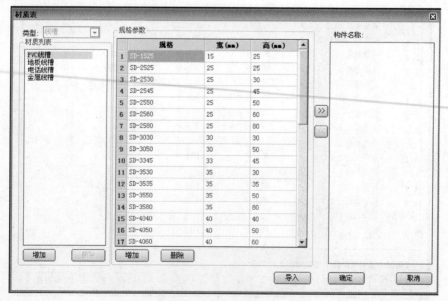

图 12-21　材质表对话框

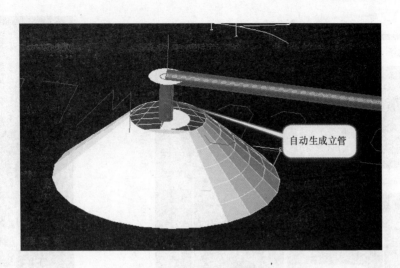

图 12-22　设备连管线模型

12.4.4　布置附件—接线盒

请参看本书提供的可下载内容中相关软件操作手册。

12.4.5　完成的电气模型

照明系统模型平面（图 12-23）。

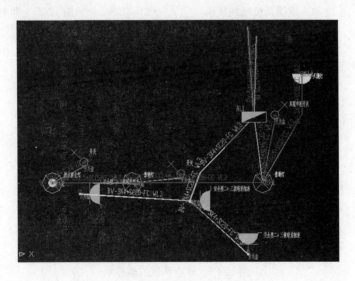

图 12-23　照明系统平面显示

照明系统三维视图（图 12-24）。

弱电系统模型平面（图 12-25）。

弱电系统三维视图（图 12-26）。

等电位模型平面（图 12-27）。

等电位三维视图（图 12-28）。

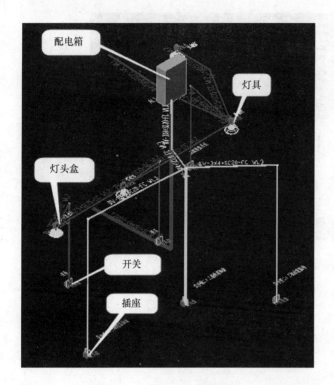

图 12-24　照明系统三维显示

图 12-25　弱电系统平面显示

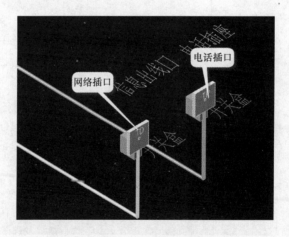

图 12-26　弱电系统三维显示

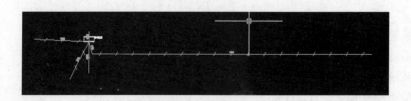

图 12-27　等电位平面显示

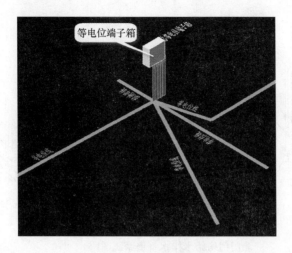

图 12-28　等电位三维显示

12.5　水（给水排水、消防）系统

本工程有三张样图：分别是给水排水图例表、给水排水系统图和平面布置图（图 12-29～图 12-31）。

给水排水专业图例

序号	图　例	名　称	备　注	
1	——F——	排水管道	PVC 管　安装详见 05S1	
2	——J——	给水管	PPR 管　安装详见 05S1	
3	——Z——	中水管	PPR 管　安装详见 05S1	
4	⊥	截止阀	2 个	
5	N̄	止回阀	1 个	
6	⊘	水表	旋翼式	2 个
7	(洗脸盆图例)	洗脸盆安装	安装详见 05S1/29	
8	(蹲便器图例)	蹲便器	安装详见 05S1/132	
9	▲MF/ABC3×2　3kg装　2具/点	干粉（磷酸铵盐）灭火器（手提式）	2 具	
10	Ⓦ/1　Ⓙ/1　Ⓩ/1	排水/给水/中水出户管		
11	— — — — — — — — — — — —	检漏管沟	安装详见 02G04	

图 12-29　给水排水图例表示意图

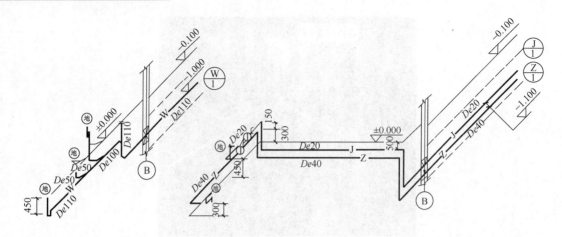

北门门房给水排水管道系统图1:50

图 12-30　给水排水管道系统图

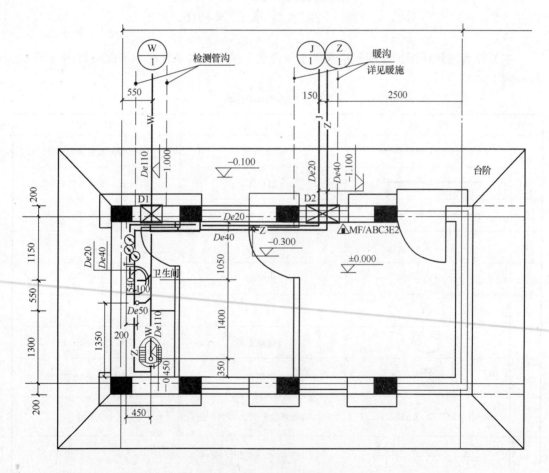

图 12-31　给水排水平面图

12.5.1　设备建模

单个设备的识别或布置方式见本章 12.4.1 节或本书提供下载的相关软件操作手册说

明。本工程需要建模的设备有：洗脸盆、蹲便器、手提式灭火器、存水弯、水龙头、清扫口和地漏。

12.5.2 管道建模

管道的识别或布置方式见本章12.4.1节或本书提供下载的相关软件操作手册说明。本工程需要建模的管道有：给水管、中水管和污水管。

12.5.3 附件及其他

本工程还需要建模的有：阀门、仪表、套管和管沟等。

12.5.4 完成的给水排水、消防模型

给水排水工程模型平面（图12-32）。

排水系统三维视图（图12-33）。

给水、中水系统三维视图（图12-34）。

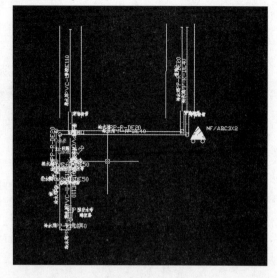

图 12-32 给水排水工程平面显示

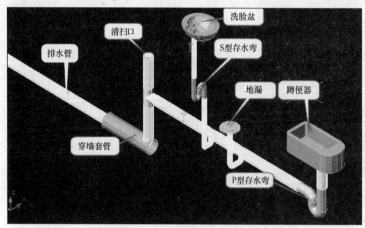

图 12-33 排水系统三维显示

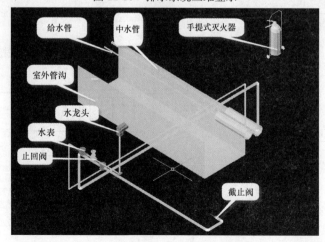

图 12-34 给水、中水系统三维显示

12.6　暖　通　系　统

案例暖通系统施工图如图12-35～图12-39所示。

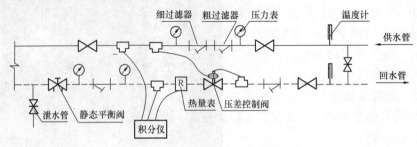

图 12-35　热力入口装置大样图

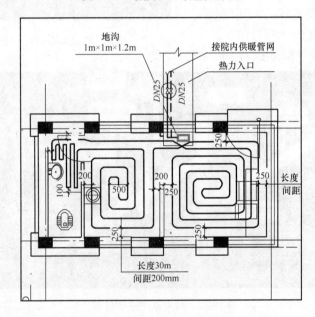

图 12-36　供暖平面图

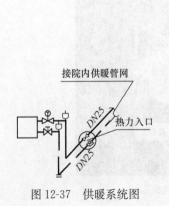

图 12-37　供暖系统图

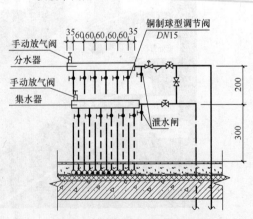

图 12-38　分集水器接管正视图

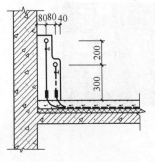

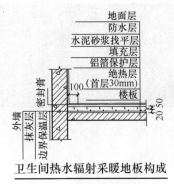

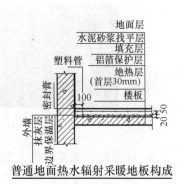

分集水器接管剖视图1:20　　　卫生间热水辐射采暖地板构成　　　普通地面热水辐射采暖地板构成

图 12-39　施工图大样

12.6.1　设备建模

单个设备的识别或布置方式见本章 12.4.1 节或可从本书资源下载链接中下载的相关软件操作手册说明。本工程需要建模的设备是地热盘管。

12.6.2　管道建模

管道的识别或布置方式见本章 12.4.1 节或可从本书资源下载链接中下载的相关软件操作手册说明。本工程需要建模的管道有：给水管和回水管。

12.6.3　附件及其他

本工程还需要建模的有：阀门、仪表、过滤器、温度计和管沟等。

12.6.4　完成的采暖模型

采暖系统模型平面（图 12-40）。

采暖系统三维视图（图 12-41）。

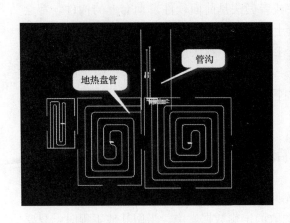

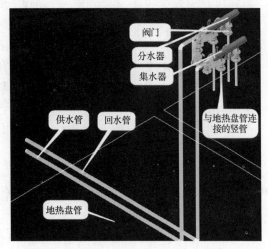

图 12-40　供暖系统平面显示　　　　　图 12-41　供暖系统三维显示

入口装置的模型平面（图 12-42）。

练一练：

1. 如何设置电缆到动力配线箱的预留长度为 2.5m？

2. 如何将水泵的安装高度显示在构件上？

3. 如何设置当鼠标接近电缆时显示其敷设方式？

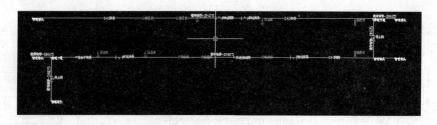

图 12-42　入口装置的平面显示

4. 如何设置水箱面积工程量的输出？

12.7　自　套　做　法

功能说明：自动套做法功能主要是方便软件使用者快捷地将做法根据设置好的条件，通过计算机的判定自动将对应的做法挂到构件上。

图 12-43　自动套做法对话框

菜单位置：【智能做法】→【自动套做法】。

命令代号：zdzf。

执行命令后弹出对话框如图 12-43 所示。

【覆盖以前所有做法】：不管构件是否已挂接做法，所有的构件都会套上本次选择的做法。软件会将【覆盖以前自动套的做法】设置成未选中状态，同时设置成不允许选择。

【覆盖以前自动套的做法】：对于不存在做法或者做法是前面软件自动套上的构件，都会套上本次自动选择的做法。但是前面客户自己套上的做法，本次操作不覆盖。

两个都不选：软件仅对未挂做法的构件套上本次自动选择的做法。

12.7.1　做法模板编制

自动套做法前，首先要在做法页面编制做法，详见可从本书资源下载链接中下载的软件操作说明。并设置判定条件保存做法，如图 12-44 所示。

【做法保存位置】：分为定额库和本工程库两种。

【定额库】：做法保存在"工程设置"中选取的定额数据库中。当做其他工程时，只要选取上次保存的定额库，本工程中就会存在前面保存的做法。

【本工程库】：做法保存在本工程库中。

【显示判定条件】：是否在已有做法列表中显示判断条件。

【做法名称】：详见软件操作说明。

【做法描述】：详见软件操作说明。

【自动判定条件】：自动判定条件不能直接输入，需要点击【编辑】按钮进入"判断条

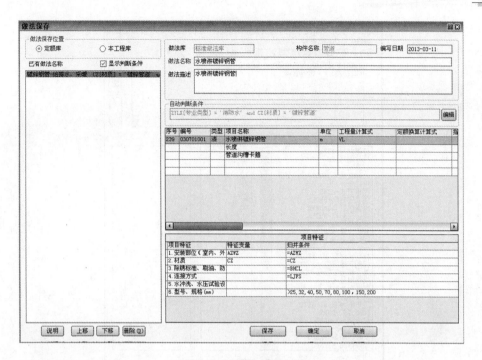

图 12-44　做法保存界面

件"对话框中设置。

　　【上移】和【下移】：点击【上移】和【下移】来调整做法的顺序。

　　【说明】：功能使用说明信息。

　　【删除】：删除已保存的做法。

　　【保存】：保存做法在左边的名称列表中。

　　【确定】：保存做法在左边的名称列表中，同时退出此界面。

12.7.2　编辑自动判断条件

　　在做法保存界面中"自动判断条件栏"点击【编辑】按钮进入"判断条件"对话框中，该对话框的功能是编辑挂接做法的判断条件，也就是说当满足判断条件的构件才能挂接这条做法。对话框如图 12-45 所示。

　　【属性名称】：是软件中相应构件的属性分类，点击"属性名称"栏的内容，相应内容就会显示在上面的条件编辑框中；如果选择的属性名称存在属性值，该属性值也会显示在最右边的属性值栏中。

　　如果双击某一栏的值，视为对原来值的替换（条件运算符中的"（"和"）"除外），条件编辑完成后点击【确定】按钮，此判定条件就显示在做法保存对话框中。

　　【运算符】：

　　and：并且，连接的两个需要同时满足，例如：GCZJ［公称直径］＝0.1 and GCZJ［公称直径］＝0.05。

　　or：或者，连接的两个其中之一满足，例如：GCZJ［公称直径］＝0.1 or GCZJ［公称直径］＝0.05。

　　＜＞：不等于，连接的两个不相等，例如：GCZJ［公称直径］＜＞0.1。

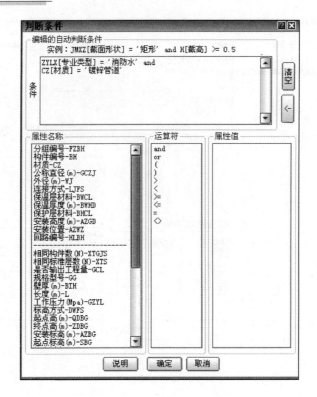

图 12-45 自动判断条件对话框

举例说明条件的使用（以构件管道为例）：

条件：ZYLX［专业类型］＝'消防水'and CZ［材质］＝'镀锌管道'，说明：只有管道的属性专业类型是消防水专业，材质是镀锌管道的才满足该条清单的条件，该条清单才能挂到满足条件的构件管道上。

条件：CZ［材质］＝'镀锌管道'and（ZYLX［专业类型］＝'给排水'or ZYLX［专业类型］＝'采暖'or ZYLX［专业类型］＝'空调水'），说明：只有材质是镀锌管道，专业类型是给排水专业或采暖专业或空调水专业的管道才能满足该条清单。

条件规范格式说明：

（1）单条件格式——代码［属性名称］运算符属性值

例如，对风管可将截面形状作为判断条件，表达为：JMXZ［截面形状］＝'矩形'。

（2）多条件格式——条件1运算符 条件2运算符 条件3……

例如，对风管可将截面形状或壁厚作为判断条件，表达为：JMXZ［截面形状］＝'矩形'or BIH（壁厚）＝'0.002'or……。

（3）多重条件格式——（条件1运算符 条件2运算符 条件3……）运算符 条件n

例如，管道专业类型给排水或采暖，和管道的材质作为判断条件，表达为：（ZYLX［专业类型］＝'给排水'or ZYLX［专业类型］＝'采暖'or ……）and CZ［材质］＝'镀锌管道'。

练一练：

1. 如何编辑一条给排水专业中室内 PVC-U 排水管道的做法条件？

2. 如何修改清单项目特征的输出项和变量？

13 结 果 输 出

13.1 回 路 核 查

界面中的管线是将器件连接起来的，特别是电气线路。在《3DM》软件内将一条主管、线（既有编号的），称为一个回路。回路核查就是将在这个回路编号上的所有管线以及器件用颜色将其区分出来，并且亮显。让用户一目了然地看到回路的走向以及这条回路中的器件数量，管线长度等内容。

功能说明：利用本功能核查界面中的器件是否布置正确。

菜单位置：【快捷菜单】→【回路核查】。

命令代号：hlhc。

执行命令后弹出"回路核查"对话框（图 13-1）。

图 13-1 回路核查对话框

对话框选项和操作解释：

1. 栏目说明

"专业类型"：对应菜单内的专业类型，如果某个专业类型在界面上布置有构件，在栏目内的专业类型文字前面会有一个"＋"号出现，点击这个"＋"会展开类型下一级的分项。将光标定位在下级某分项上，"回路数据"栏内就显示这个分项的所有回路编号的数据。

"回路数据"：在回路数据栏内，罗列的是一个分项（如给水排水专业内的"排水"）的所有回路编号和对应的构件名称以及这个构件下的实物数量。

"构件明细"：在"回路数据"栏内选中某个回路编号的某个构件名称，本栏内就会显示该构件下计算明细。

2. 按钮说明

【刷新】：刷新图面的图形信息，当用户更改了构件信息，执行本命令刷新数据。

【导出 Excel】：将栏目内的数据导入到 Excel 内。

【提取图形回路】：在界面中点取或框选回路的图形。

【构件检查】：检查出哪些构件没有回路编号属性。

【回路检查】：检查回路是否正常，如布置的回路构件在界面中是否形成闭合的管线了等。

【分析设备回路】：该功能会将所连接的管线的回路编号赋予所连接的设备。

3. 操作说明

（1）点击“快捷菜单→回路核查”或在命令栏内输入“hlhc”回车，打开回路核查对话框。

（2）在对话框中选择“专业类型→构件类型”。

（3）在“回路数据”栏内选择回路编号和编号内的某个构件名称，这时构件明细栏内就会显示出这个构件的明细数据。

（4）如果切换构件名称后，明细栏内的数据没有产生变化，点击【刷新】按钮，刷新数据。

（5）点击【导出 excel】按钮，数据将被导入 Excel 表中（图 13-2）。

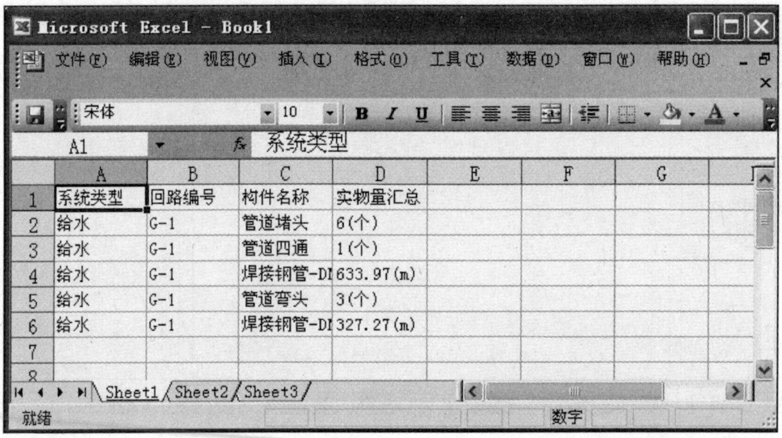

	A	B	C	D
1	系统类型	回路编号	构件名称	实物量汇总
2	给水	G-1	管道堵头	6(个)
3	给水	G-1	管道四通	1(个)
4	给水	G-1	焊接钢管-DI	633.97(m)
5	给水	G-1	管道弯头	3(个)
6	给水	G-1	焊接钢管-DI	327.27(m)

图 13-2　数据被导入 Excel 表内

（6）点击【提取回路图形】按钮，这时光标变为方框形式，命令栏提示“选择构件”。

4. 选择构件

在界面中单选或框选需要查看的回路构件，这时所选择的构件数据就显示在栏目内。

【配电箱关系图】【构件检查】【回路检查】三个按钮的功能参见相关章节说明。

13.2　快　速　核　量

功能说明：利用本功能可以快速地查看所选构件的模型是否正确。

菜单位置：【快捷菜单】→【快速核量】。

命令代号：kgcl。

执行命令后弹出对话框（图 13-3）：通过切换"构件类型栏"中的构件类型，可以很清楚地在"详细信息列表"中看到构件模型实物量和做法量的详细信息。

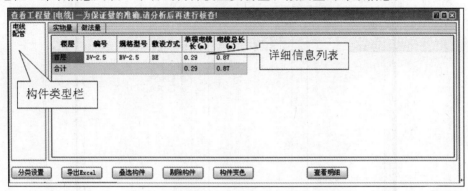

图 13-3　查看工程量对话框

【分类设置】：点击后可以在弹出的对话框中，选择构件属性作为信息列表的表头。

【导出 Excel】：将表格信息导到 Excel 文件中。

【叠选构件】：再选择一种构件查看工程量，原先表格中的构件工程量保留，不被覆盖。

【剔除构件】：在工程中选取构件不再查看工程量。

【构件变色】：在工程中选取已经查看工程量的构件进行颜色变化。

【查看明细】：点击此按钮后，打开工程量的详细信息。

13.3　分　析、统　计

根据软件缺省或用户自定义好的计算规则，分析布置到界面上的构件工程量。

功能说明：对界面中的构件模型依据工程量计算规则进行工程量计算分析。

菜单位置：【快捷菜单】→【计算汇总】。

命令代号：fx。

本命令用于对所做构件模型进行工程量分析。统计可以在分析后另外进行，也可以紧接分析一起完成。

执行命令后弹出对话框如图 13-4 所示。

对话框选项和操作解释：

【分析后执行统计】：分析后是否紧接着执行统计，选择打"√"系统分析完后会直接进行工程量统计。

【清除历史数据】：是否清空以前分析统计过的数据。

【实物量和做法量同时输出】：勾选后，在工程量分析统计表中，构件的实物工程量和清单工程量同时呈现。

【图形检查】：对布置的图形模型进行检查，可从本书资源链接下载相关软件的操作说明手册。

【选取图形】：从界面选取需要的构件图形进行分析。

图 13-4　分析对话框

操作说明：

在左边的楼层选择栏内选取楼层，在右边的构件名称栏内选择相应的构件名称。

【全选】：一次全部选中栏目中的所有内容。

【全清】：将栏目中已选择的内容全部放弃。

【反选】：将栏目内未选的内容和以选中的内容反置。

选好楼层和构件点击【确定】就可以进行分析了。

如果勾选了"分析后执行统计"，则分析统计完成后会看到预览统计界面，如果没有勾选，则分析完成后还应执行统计，才能看到计算结果。

统计的对话框内容和操作方式同上述分析内容。

13.4　预　览　统　计

统计完成后，得到的结果在此界面中进行预览。预览结果分为三种类型：①实物量模式结果；②定额模式结果；③清单模式结果。《3DM》软件支持在清单、定额模式不挂做法的出量模式，对挂了做法的器件出定额或清单工程量，剩余没有挂做法的器件以实物量的形式输出工程量。用户可以在实物量页面继续对工程量进行做法挂接。

功能说明：对分析统计的工程计算结果进行预览。

菜单位置：【快捷菜单】→【预览】。

命令代号：yltj。

本功能用于查看分析统计后的结果，并提供图形反查、筛选构件、导入、导出工程量数据、查看报表、将工程量数据导出到 Excel 等功能。

执行命令后弹出定额工程量浏览对话框如图 13-5 所示。

实物工程量浏览对话框如图 13-6 所示。

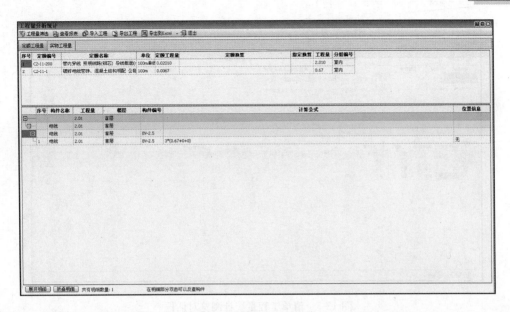

图 13-5　定额统计浏览对话框

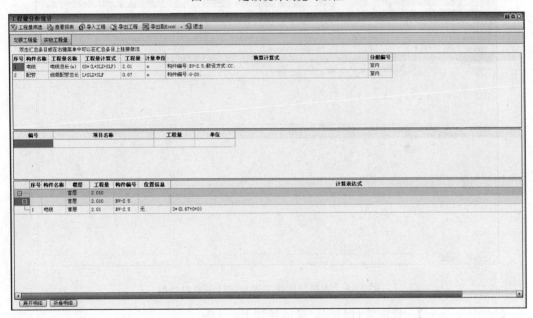

图 13-6　实物工程量统计浏览对话框

清单工程量浏览对话框如图 13-7 所示。

清单、定额综合工程量浏览对话框如图 13-8 所示。

清单出量模式内定额工程量浏览对话框如图 13-9 所示。

对话框选项和操作解释：

【工程量筛选】：选择要筛选的分组编号、专业类型、楼层，构件名称以及构件编号。

【查看报表】：进入报表界面。

【导出工程】：导出当前工程，可以保存当前数据。

【导入工程】：导入别的工程的数据到当前工程中。

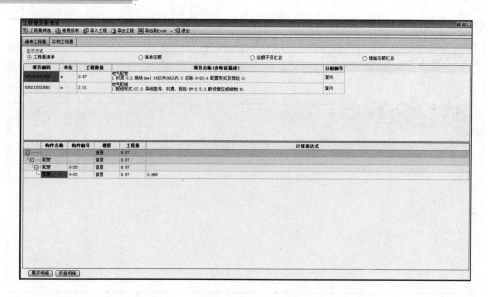

图 13-7 清单工程量统计浏览对话框

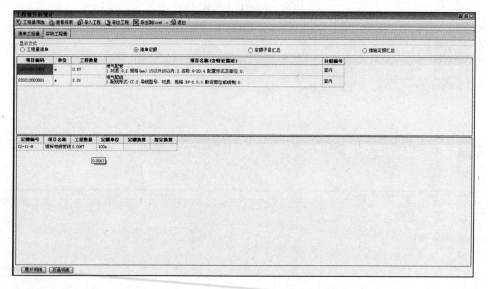

图 13-8 清单、定额工程量统计浏览对话框

【导出到 Excel】：选取统计数据记录后导到 Excel 中。

操作说明：

（1）点击【工程量筛选】弹出（图 13-10）工程量筛选对话框。在对话框内对分组编号、专业类型、楼层，构件名称以及构件编号进行选择，之后点击【确定】，在预览统计界面上就会根据选择的范围显示结果。

（2）点击【导入工程】弹出 Windows 文件选择对话框。需要选择后缀为 ".jgk" 的文件。点击【导出工程】后会弹出 Windows 另存为对话框。同样需要选择后缀为 ".jgk" 的文件。

（3）如果要将工程数据导入到 Excel 表内，点击【导出到 Excel】后面的下拉菜单，在弹出的选项中选择需要导出的内容（图 13-11）。

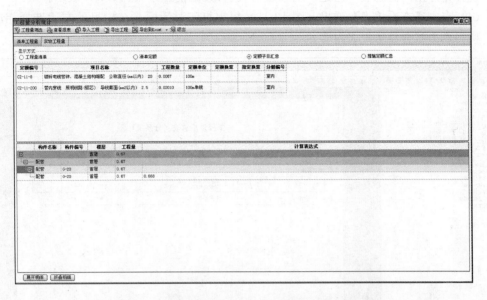

图 13-9　清单出量模式内定额工程量统计浏览对话框

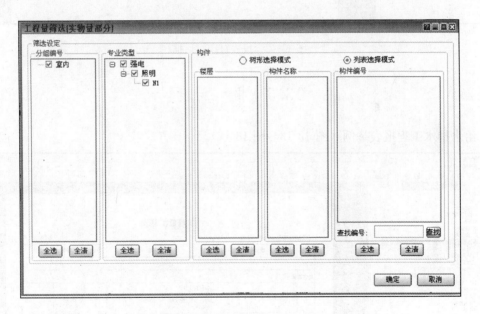

图 13-10　工程量筛选对话框

图 13-11　导出到 Excel 对话框

选择是导出"汇总表"还是"明细表",这时数据就会导入到 Excel 表中。

(4) 点击【查看报表】弹出(图 13-12)报表打印对话框,在栏目的左边选择相应的表,栏目右边就会显示报表内容。

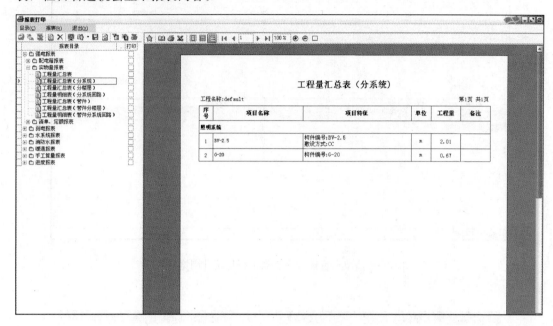

图 13-12　报表打印对话框

13.5　报　　表

给水排水工程报表举例(图 13-13~图 13-17)。

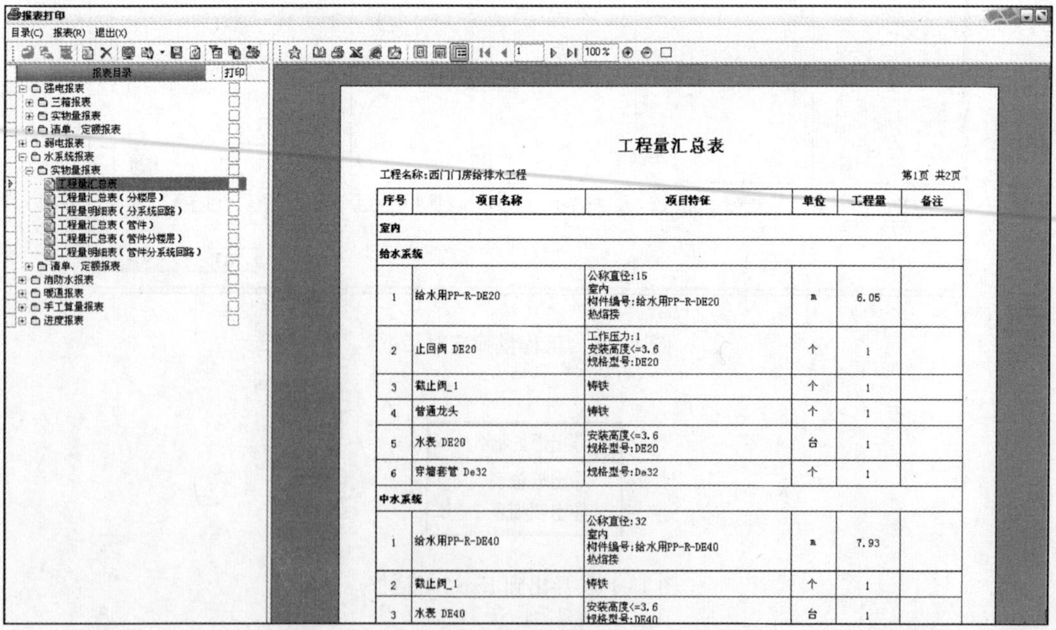

图 13-13　表 1

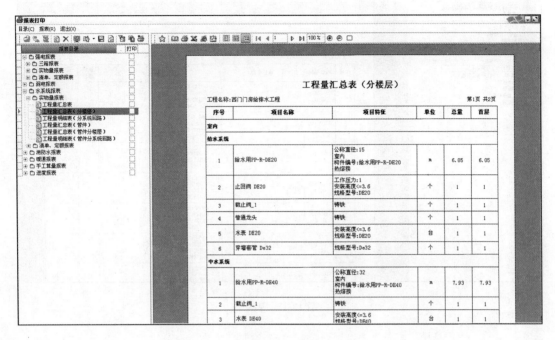

图 13-14　表 2

图 13-15　表 3

149

图 13-16 表 4

图 13-17 表 5

练一练：

1. 如何将一个配电箱上的所有回路中负荷的回路编号修改成与本回路相同？

2. 如何快速查看某段线槽的工程量？

3. 如何检查构件的工程量计算对错？

4. 如何将实物量和做法量同时输出？

14 实 训 作 业

按照前面案例方式，在本教材中任选一套工程图建模进行工程量计算。其国标清单采用国标清单计价规范2013，定额由指导老师确定。

参 考 文 献

［1］　住房和城乡建设部标准定额研究所．GB 50856—2013 通用安装工程工程量计算规范［S］．北京：中国计划出版社，2013．

［2］　规范编制组．2013 建设工程计价计量规范辅导［M］．北京：中国计划出版社，2013．

［3］　吴心伦、黎诚等，安装工程造价［M］．重庆：重庆大学出版社，2006．

［4］　文桂萍．建筑设备安装与识图［M］．上海：机械工业出版社，2010．

［5］　文桂萍．建筑水暖电工程计价［M］．北京：中国建筑工业出版社，2012．

建筑设计说明

一、设计依据

　1.设计合同。

　2.建设单位提供的建设场地的地形图。

　3.建设单位提供的建设场地的地质勘察报告。

　4.国家相关的现行设计规范以及相关的设计资料。

二、工程概况

　1.结构形式：大门主体为钢筋混凝土框架结构。

　2.设计范围：本工程施工图的设计范围包括：建筑、结构、给排水、采暖、强弱电设计。

　3.主要数据

　　1）建筑面积：58.29m²

　　2）耐火等级：二级

　　3）抗震设防烈度：8度

三、统一技术措施

　1.设计标高及尺寸

　　1）本工程±0.000标高相当于绝对标高由现场确定。

　　2）本工程除标高和总图以米为单位外，其他尺寸均以毫米为单位。

　2.墙身工程

　　外墙：300厚加气混凝土砌块。

　3.楼地面：

　　施工前应仔细阅读图纸，以保证楼地面的施工质量及标高的统一性。

　　本工程所注标高均为建筑完成面标高。

　4.屋面及防水工程

　　1）本工程的屋面防水等级为Ⅲ级，防水层合理使用年限为10年。

　　2）施工必须严格执行国家有关规范，避免因施工不当造成渗、漏水。

　　3）屋面排水组织见屋顶平面图，雨水斗、雨水管采用白色UPVC，雨水管的公称直径均为DN100。

　5.顶棚工程

　　本工程一般顶棚做法详做法表，吊顶部分仅控制高度，室内要求较高部分应结合二次装修进行设计。

6.外墙装修

　　立面上各种饰面材料部位除参见立面图外，还应参照施工图中所注。为确保外立面效果良好，应对装修材料质感及色彩最后确定，会同业主及施工单位及建筑师共同认证后，方可统一实施。

7.内装修

　　内装修选用的各项材料，均由施工单位制作样板和选样，经确认后进行封样。

8.门窗工程

　　1）本工程的门窗按不同用途，材料及立面要求分别编号，详见门窗表。

　　2）本工程的门窗玻璃厚度，由承制厂家根据立面分块要求及风压值确定。

　　3）门窗的小五金配件，由承包商提供样品及构造大样，与业主及建筑师共同确定。

9.防火设计

　　按民用建筑设计防火规范规定，耐火等级为二级。

10.节能设计

　　由于本工程为大门，具体保温措施详工程做法。

11.其他

　　1）室内门窗洞口及墙阳角均抹20厚，1:2水泥砂浆护角，高2000mm，每边宽50mm。

　　2）凡管道穿过的楼板，须预埋套管，并高出建筑完成面30mm。

　　3）凡预埋铁件、木件均须作防锈、防腐处理，凡未详细构造做法者，按当地常规作法施工。

　　4）油漆：本工程外露的钢、木构件按中级以上油漆要求施工。木材面用调和漆或清漆做法，钢构件用酚醛磁漆做法，油漆颜色除图注明外，由装修设计或专业选定。

　　5）凡隐蔽部位和隐藏工程应及时会同有关部门进行检查验收。

　　6）凡两种材料的墙身交接处，在墙面饰面施工前加钉钢丝网，防止裂缝。

　　7）本工程施工图未尽事项，在施工配合中共同商定。工程施工中，施工单位应及时熟悉各专业图纸，避免单一专业图施工。

　　8）本工程施工及验收均应严格执行国家现行的建筑安装工程及施工验收的规范并按相关规定执行，施工中各工种应密切配合，如有问题及时与设计单位协商解决。

门窗表

门窗类型	设计编号	洞口尺寸		樘数	标准图集代号及编号		备注
		宽	高		图集代号	编号	
门	M-1	900	2100	1	05J4-1 P1	1PM1-0921	平开半玻门(塑钢、保温)
	M-2	900	2100	1	05J4-1 P89	1PM-0921	平开夹板门
	M-3	700	2100	1	参05J4-1 P89	1PM-0821	平开夹板门（宽度改为700）
窗	C-3	2700	2700	2	自绘		塑钢推拉窗
幕墙	MQ1	6200	3800	1	自绘		明框玻璃幕墙

注：外门、窗玻璃选用12mm厚中空玻璃，外门芯板内填充聚苯或岩棉保温材料。

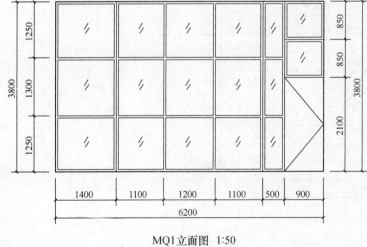

MQ1立面图 1:50

C-3立面图 1:50

			编号	建施-01
建筑设计说明				
审核	校对	设计	页	1/4

工程名称：学院北大门

室内外工程做法表

工程名称	工程做法	适用
屋面1 (不上人)	1. 40厚C20细石混凝土，内配 φ4@150×150钢筋网片 2. 干铺无纺聚酯纤维布一层 3. 50厚QCB防水保温阻燃装饰一体板，导热系数0.035 4. 2厚MCT喷涂速凝涂料一道 5. 20厚1:3水泥砂浆找平层，砂浆中掺聚丙烯 6. 1:6水泥焦渣找坡2%，最薄处30厚 7. 钢筋混凝土楼板	
外墙1 涂料墙面	1. 刷灰色高级外墙防水涂料 2. 3厚聚合物砂浆罩面（压入耐碱玻纤网格布一层） 3. 50厚QCB(防水保温阻燃装饰一体板)，导热系数0.035 4. 3厚专用界面粘结剂一遍 5. 2厚聚合物水泥防水涂料 6. 15厚1:3水泥砂浆找平（钢筋混凝土）2:1:8（加气混凝土砌块） 水泥石灰砂浆找平 7. 刷建筑胶素水泥浆一遍，配合比为建筑胶：水=1:4 8. 基层墙体	详见立面
外墙2 干挂石材外墙面	1. 25厚石材板材，上下边钻销孔，长方形板横排时钻2个孔， 竖排时钻一个孔，孔径Φ5，安装时孔内先填云石胶，再插入 Φ4不锈钢销钉，固定4厚不锈钢板托件上，石板两侧开4宽 80高凹槽。填胶后，用4厚50宽燕尾不锈钢板勾住石板 （燕尾钢板各勾住一块石板），石板四周接缝宽6~8，用弹性 密封膏封严钢板托和燕尾钢板，M5螺栓固定于竖向角钢龙骨上 2. L50×50×5横向角钢龙骨（根据石板大小调整角钢尺寸） 中距为石板高度+缝宽 3. L60×60×6竖向角钢龙骨（根据石板大小调整角钢尺寸） 中距为石板宽度+缝宽 4. 50厚QCB防水保温阻燃装饰一体板，导热系数0.035 5. 角钢龙骨焊于墙内预埋伸出的角钢头上或在墙内预埋钢板， 然后用角钢焊连竖向角钢龙骨（砌块类墙体设有构造柱及 水平加强梁，详见结施图）	详见立面
内墙1 乳胶漆墙面	1. 刷乳胶漆 2. 5厚1:0.3:2.5水泥石灰膏砂浆抹面,压实赶光 3. 12厚1:1:6水泥石灰膏砂浆打底扫毛 4. 12厚1:1:6水泥石灰膏砂浆打底扫毛	
地面1 地砖地面	1. 10厚防滑地砖铺实拍平，水泥浆擦缝 2. 20厚1:4干硬性水泥砂浆 3. 50厚C15豆石混凝土填充热水管道间 4. 20厚复合铝箔挤塑聚苯乙烯保温板 5. 20厚无机铝盐防水砂浆分两次抹，找平抹光 6. 无机铝盐防水素浆	一般地面

工程名称	工程做法	适用
	7. 80厚C15混凝土 8. 素土夯实	
地面2 防滑地砖地面	1. 10厚防滑地砖铺实拍平，水泥浆擦缝 2. 20厚1:4干硬性水泥砂浆 3. 60厚C15豆石混凝土找坡不小于0.5%，最薄处不小于30厚 4. 20厚复合铝箔挤塑聚苯乙烯保温板 5. 点粘350号石油沥青油毡一层 6. 1.8厚聚氨酯防水涂料，面撒黄砂，四周沿墙上翻300高 7. 刷基层处理剂一遍 8. 20厚无机铝盐防水砂浆分两次抹，找平抹光 9. 无机铝盐防水素浆 10. 80厚C15混凝土 11. 素土夯实	卫生间
顶棚1 喷涂料顶棚	1. 喷内墙涂料两道 2. 满刮腻子两道 3. 5厚1:0.2:2.5水泥石灰膏砂浆找平 4. 3厚1:0.2:3水泥石灰膏砂浆打底扫毛 5. 刷一道YJ-302型混凝土界面处理剂	
散水1 细石混凝土散水	1. 50厚C20细石混凝土面层，撒1:1水泥砂子压实赶光 2. 150厚3:7灰土夯实，宽出面层300 3. 素土夯实，向外坡5%	宽1000
台阶1 (现制水泥抹面) 灰土垫层	1. 20厚1:2水泥砂浆抹面赶光 2. 素水泥浆结合层一道 3. 60厚C15混凝土，台阶面向外坡1% 4. 300厚3:7灰土 5. 素土夯实	

	室内外工程做法表	编号	建施-02
审核　　校对　　设计		页	2/4

工程名称：学院北大门

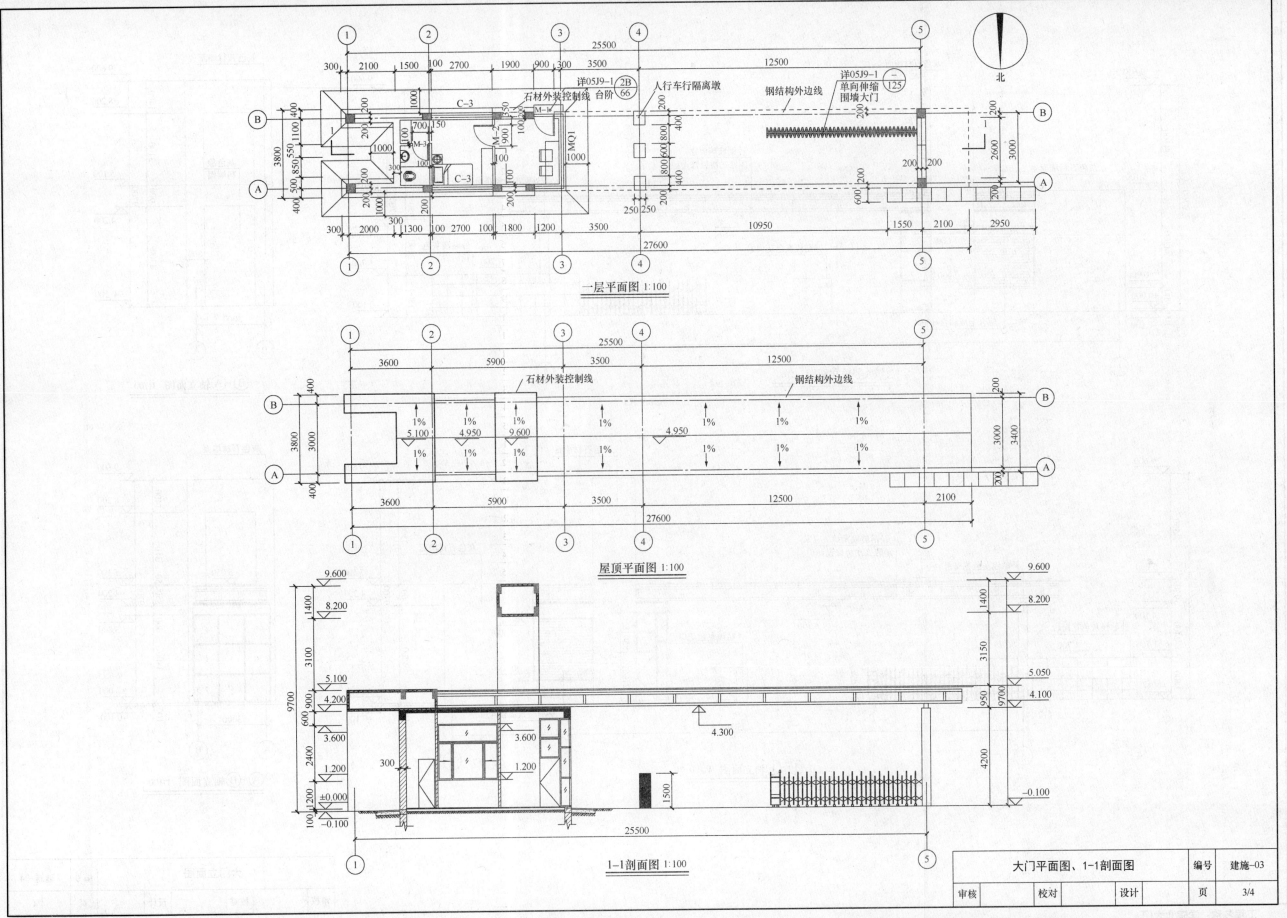

一层平面图 1:100

屋顶平面图 1:100

1-1剖面图 1:100

大门平面图、1-1剖面图		编号	建施-03
审核	校对	设计	页	3/4

工程名称：学院北大门

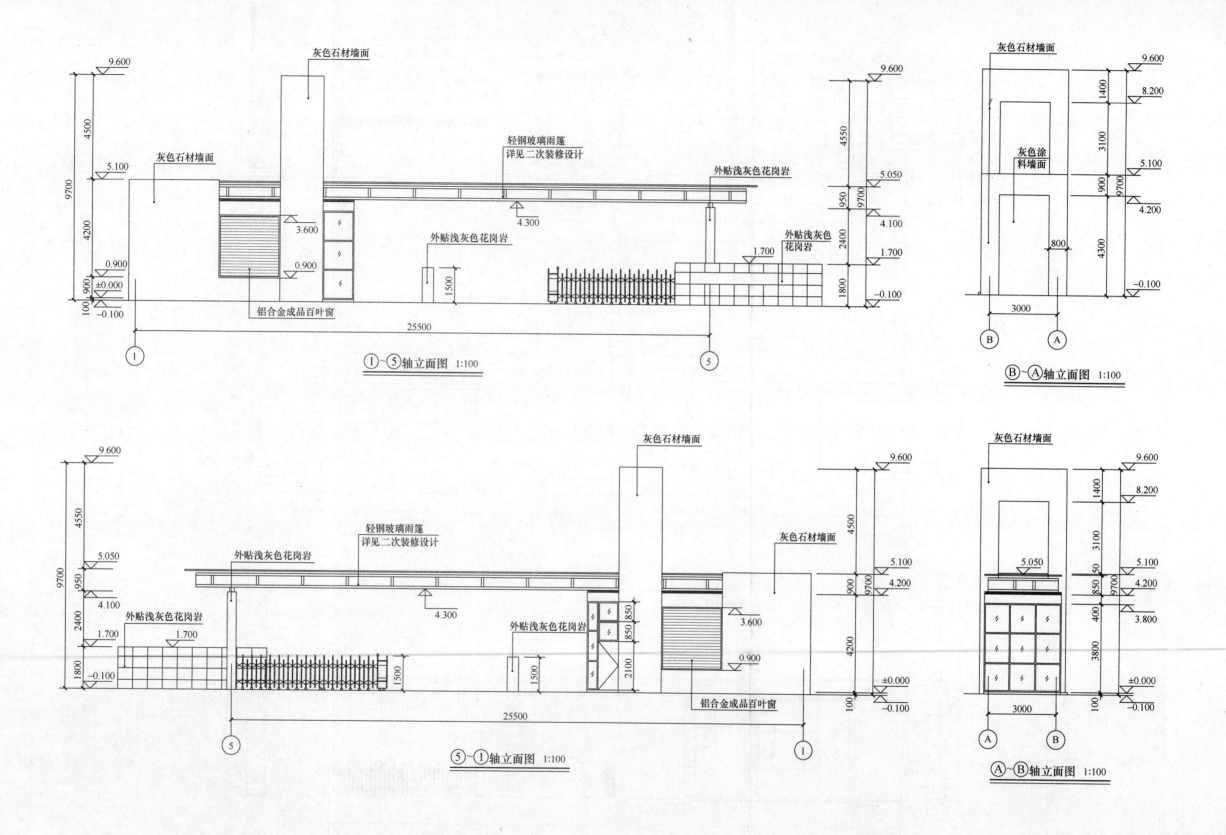

灰色石材墙面

灰色石材墙面

轻钢玻璃雨篷
详见二次装修设计

外贴浅灰色花岗岩

外贴浅灰色花岗岩

铝合金成品百叶窗

①~⑤轴立面图 1:100

灰色石材墙面

灰色涂料墙面

外贴浅灰色花岗岩

B~A轴立面图 1:100

灰色石材墙面

轻钢玻璃雨篷
详见二次装修设计

外贴浅灰色花岗岩

外贴浅灰色花岗岩

铝合金成品百叶窗

⑤~①轴立面图 1:100

灰色石材墙面

A~B轴立面图 1:100

大门立面图	编号	建施-04
审核	校对	设计	页	4/4

工程名称：学院北大门

一、工程概况

1.本工程为一层现浇钢筋混凝土框架结构。建筑总长度27.600m，总宽度3m，
总高度4.2m。基础形式为钢筋混凝土柱下独立基础。

2.建筑物室内地面标高±0.000详见建施。室内外高差为0.100m。

二、建筑结构的安全等级及设计使用年限

1. 建筑结构安全等级：二级。

2. 设计使用年限：50年。

3. 建筑抗震设防类别：标准设防（丙类）。

4. 地基基础设计等级：丙级。

5. 抗震等级：二级。

6. 耐火等级：二级。

7. 混凝土结构暴露的环境类别。

室内干燥环境：一类。

卫生间、厨房、浴室等室内潮湿环境：二a类。

直接接触土人部位及雨篷、挑檐、室外装饰构件等露天构件：二b类。

8. 根据湿陷性黄土地区建筑规范，建筑物分类为丙类。

三、自然条件

1. 基本风压：W_o=0.40kN/m²(50年重现期)。

地面粗糙度类别：B类。

2. 基本雪压：S_o=0.35kN/m²。

3. 抗震设防烈度：8度，设计基本地震加速度值为0.20g，设计地震分组为第一组。

抗震构造措施按8度，二级。建筑场地类别为：Ⅲ类。

4. 场地标准冻深：0.9m。

5. 场地的工程地质条件参照临近建筑。

6.湿陷性等级为Ⅰ级（轻微），属非自重湿陷性黄土场地。

四、本工程设计遵循国家相关标准、规范、规程。

五、设计采用的均布活载标准值，不上人屋面0.5kN/m²。

六、地基基础

1. 本工程采取整片换填垫层来进行地基处理，换填的平面范围为自基础外边缘向外扩出1.0m，深度为
素混凝土垫层下0.5m，处理后的地基承载力不小于150kPa。

2. 开挖基槽时，不应扰动土的原状结构。如经扰动，应挖除扰动部分，采用三七灰土进行分层碾压回
填处理，压实系数大于0.95。垫层的施工质量检验必须分层进行，应在每层的压实系数符合设计要
求后铺填上层土。

3. 机械开挖时应按有关规范要求进行，坑底应保留不少于300mm厚的土层用人工开挖。基坑开挖至设
计标高后，应对坑底土层进行夯实或碾压。

4. 未经地基处理的基坑，基础施工前应进行钎探。钎探点间距为1.5×1.5m，梅花形布置，探深1.5m。
钎探数据应报设计单位审阅。如发现土质与地质报告不符或存在墓穴、空洞等不良地质现象时应会
同有关各方共同协商研究处理。

5. 开挖基坑时应注意边坡稳定，定期观测其对周围道路、市政设施和建筑物有无不利影响，并做好安
全防护。非自然放坡开挖时，基坑护壁应做专门设计。土方开挖完成后应立即对基坑进行封闭，防
止水浸和暴露，并应及时进行地下结构施工。基坑土方开挖应严格按要求进行，不得超挖。基坑周
边超载，不得超过设计荷载限制条件。

6. 基坑开挖后，应进行基坑检验。基坑应经验收后方可开始基础施工。

7. 混凝土基础底板下（除特别注明外）设100厚C15素混凝土垫层，每边扩出基础100mm。

七、主要结构材料(详图中注明者除外)

1. 混凝土强度等级：

(1) 基础：C30

(2) 柱、梁、楼板：C25

2. 钢筋及钢材：

(1) 钢筋采用HPB300级钢；HRB335级；HRB400级。

(2) 钢材、钢板采用Q235-B钢。

(3) 吊钩、吊环均采用HPB300级钢筋，不得采用冷加工钢筋。

(4) 钢材的强度标准值应具有不小于95%的保证率。

(5) 一、二级框架梁、柱中纵向受力钢筋的抗拉强度实测值与屈服强度实侧值的比值不应小于1.25，且屈服强
度实测值与强度标准值的比值不应大于1.30；且钢筋在最大拉力下的总伸长率实测值不应小于9%。其中
HPB300级钢在最大拉力下的总伸长率实测值不应小于10%。

(6) 钢材的屈服强度实测值与抗拉强度实测值的比值不应大于0.85；钢材应有明显的屈服台阶，且伸长率不应
小于20%；钢材应有良好的可焊性和合格的冲击韧性。

3. 焊条：Q235B钢采用《非合金钢及细晶粒钢焊条》(GB/T 5117—2012)中的E43- ×× 系列焊条。

4.隔墙：

±0.000以下采用Mu10烧结煤矸石砖，用M10水泥砂浆砌筑，其容重应不大于19kN/m³。

±0.000以上采用Mu5加气混凝土砌块，用M5混合砂浆砌筑，其容重应不大于7kN/m³。

八、混凝土的构造要求：

1. 结构混凝土耐久性的基本要求见下表：

环境类别	最大水灰比	最小水泥用量 (kg/m³)	最大氯离子含量 (%)	最大碱含量 (kg/m³)
一	0.65	225	1.0	不限制
二a	0.6	250	0.3	3.0
二b	0.55	275	0.2	3.0

2. 受力钢筋混凝土保护层(mm) (图中注明者除外)

(1) 防水混凝土梁、板、柱、墙、基础迎水面最外层钢筋保护层厚度，当有建筑柔性外防水时35，没有外防水时50。

(2) 基础底板上部钢筋保护层厚度25mm。

(3) 受力钢筋保护层厚度不小于钢筋的公称直径。

(4) 梁、板中预埋管的混凝土保护层厚度应大于30。

(5) 最外层钢筋的混凝土保护层厚度(mm)应不小于右表：

环境类别	板、墙	梁、柱、杆
一	15	20
二a	20	25
二b	25	35

(6) 预制钢筋混凝土构件节点缝隙或金属承重构件节点的外露部
位均设防火保护，采用水泥砂浆抹面、勾缝，厚度不小于20。

注：1. 混凝土强度等级不大于C25时，表中保护层厚度数值应增加5mm。
2. 各构件中可以采用不低于相应混凝土构件强度等级的素混凝土垫块来控制主筋保护层厚度。

过梁表 (混凝土强度等级为C20)

L	截面形式	h	a	①	②	③
≤1000	A	120	240	2Φ10		Φ8@150
1000≤L<1500	A	120	240	3Φ10		Φ8@150
1500≤L<1800	B	150	240	2Φ12	2Φ8	Φ8@150
1800≤L<2400	B	180	240	3Φ12	2Φ8	Φ8@150
2400≤L<3000	B	240	240	3Φ14	2Φ10	Φ8@150

(注：荷重仅考虑L/3高度墙体自重，当超过或梁上作用有其他
荷载时，另行计算。)

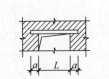

现浇钢筋混凝土过梁
荷重仅考虑1/3墙高

结构设计总说明		编号	结施-01
审核		校对	
设计		页	1/3

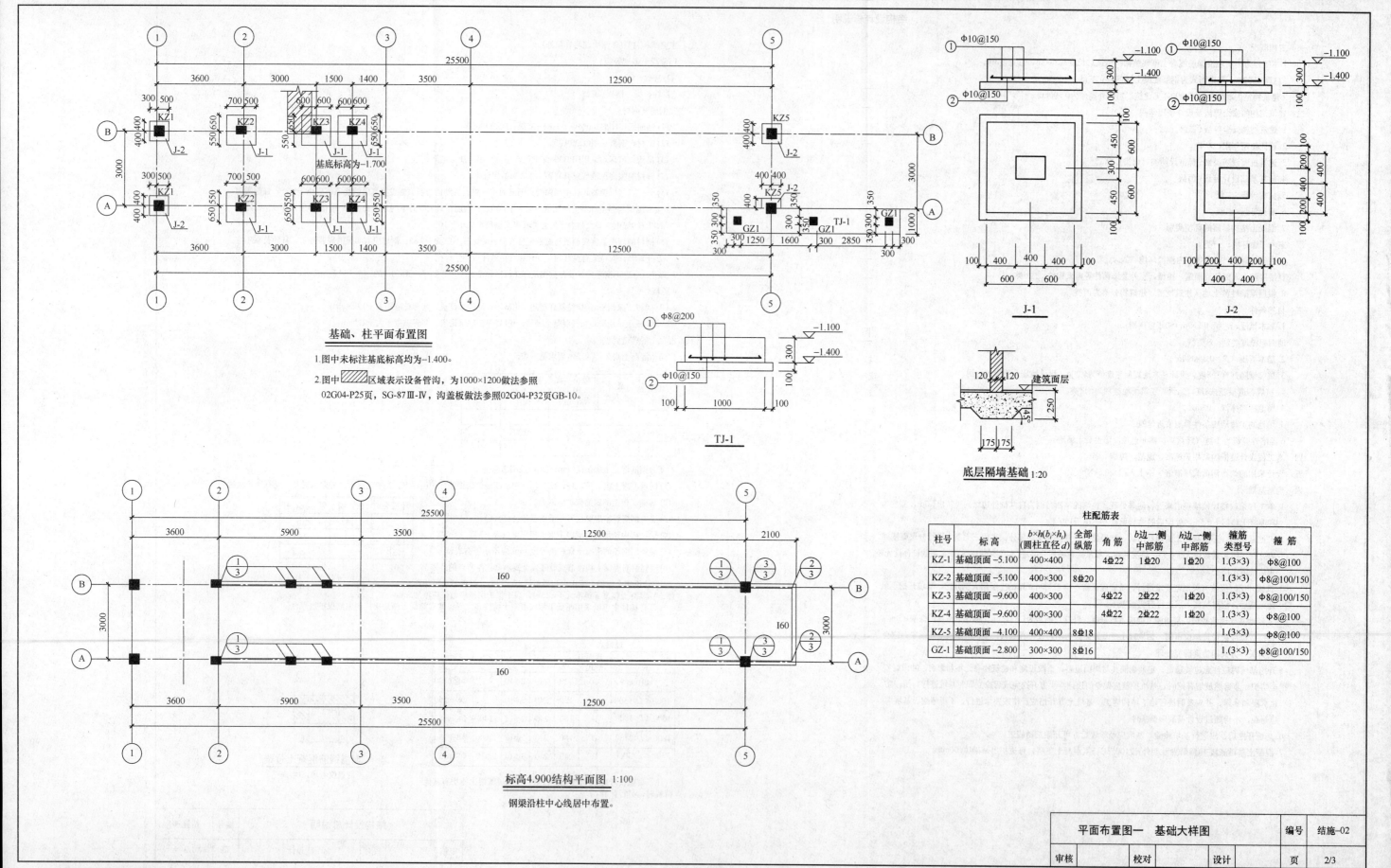

基础、柱平面布置图

1.图中未标注基底标高均为-1.400。

2.图中 ▨ 区域表示设备管沟，为1000×1200做法参照02G04-P25页，SG-87Ⅲ-Ⅳ，沟盖板做法参照02G04-P32页GB-10。

基底标高为-1.700

TJ-1

底层隔墙基础 1:20

J-1

J-2

标高4.900结构平面图 1:100

钢梁沿柱中心线居中布置。

柱配筋表

柱号	标高	b×h(b₁×h₁)(圆柱直径d)	全部纵筋	角筋	b边一侧中部筋	h边一侧中部筋	箍筋类型号	箍筋
KZ-1	基础顶面-5.100	400×400		4⊕22	1⊕20	1⊕20	1.(3×3)	Φ8@100
KZ-2	基础顶面-5.100	400×300	8⊕20				1.(3×3)	Φ8@100/150
KZ-3	基础顶面-9.600	400×300		4⊕22	2⊕22	1⊕20	1.(3×3)	Φ8@100/150
KZ-4	基础顶面-9.600	400×300		4⊕22	2⊕22	1⊕20	1.(3×3)	Φ8@100
KZ-5	基础顶面-4.100	400×400	8⊕18				1.(3×3)	Φ8@100
GZ-1	基础顶面-2.800	300×300	8⊕16				1.(3×3)	Φ8@100/150

平面布置图一 基础大样图		编号	结施-02
审核	校对	设计	页	2/3

工程名称：学院北大门

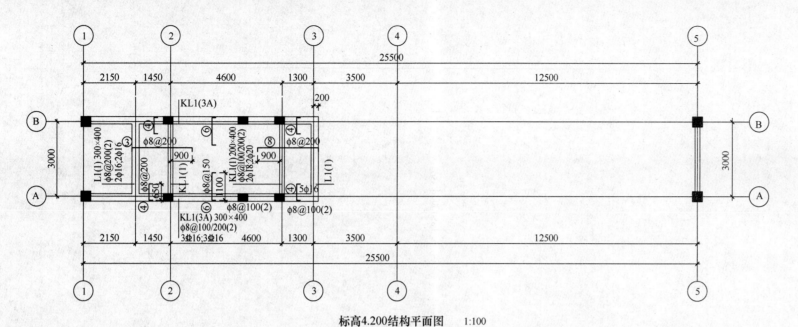

标高4.200结构平面图 1:100

1.图中未标注的楼板板厚均为100mm。
2.图中除注明外未标底配筋均为Φ8@200双向布置。
3.梁定位除注明外均沿轴线居中布置或贴柱边齐。

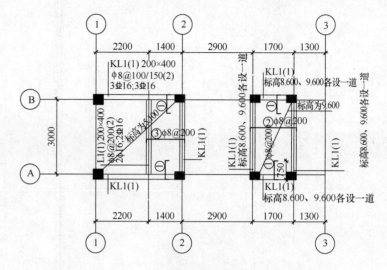

构架结构平面图 1:100

1.图中未标注的楼板板厚均为100mm。
2.图中除注明外未标板底配筋均为Φ8@200双向布置。
3.梁定位除注明外均沿轴线居中布置或贴柱边齐。

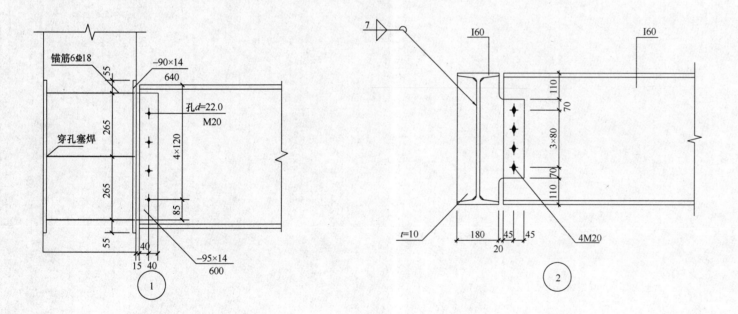

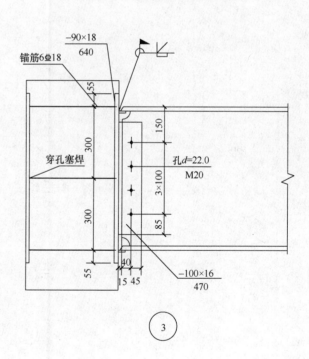

平面布置图二、大样图			编号	结施-03
审核	校对	设计	页	3/3

工程名称：学院北大门